올림피아드 수학의 지름길 | 초급-하

감수위원

한승우 선생님 E-mail : hotman@postech.edu
한현진 선생님 E-mail : fractalh@hanmail.net
신성환 선생님 E-mail : shindink@naver.com
위성희 선생님 E-mail : math-blue@hanmail.net
정원용 선생님 E-mail : areekaree@daum.net
정현정 선생님 E-mail : hj-1113@daum.net
안치연 선생님 E-mail : lounge79@naver.com
변영석 선생님 E-mail : youngaer@paran.com
김강식 선생님 E-mail : kangshikkim@hotmail.com
신인숙 선생님 E-mail : isshin@ajou.ac.kr
이주형 선생님 E-mail : moldlee@dreamwiz.com
이석민 선생님 E-mail : smillusion@naver.com
한송이 선생님 E-mail : ssong.han@mathwin.net

책임감수

정호영 선생님 E-mail : allpassid@naver.com

의문사항이나 궁금한 점이 있으시면 위의 감수위원에게 E-mai로 문의하시기 바랍니다.

올림피아드 수학의 지름길 | 초급–하

도서출판세화 1판 1쇄 발행 1994년 7월 30일
　　　　　　　1판 11쇄 발행 2003년 1월 10일
　　　　　　　2판 1쇄 발행 2004년 1월 15일 (개정 증보판)
　　　　　　　2판 5쇄 발행 2007년 1월 10일
　　　　　　　3판 1쇄 발행 2008년 9월 1일 (개정 증보판)
　　　　　　　3판 2쇄 발행 2009년 1월 10일
(주)씨실과 날실 1판 1쇄 발행 2010년 5월 30일
　　　　　　　1판 2쇄 발행 2011년 3월 30일

(주)씨실과 날실 2판 1쇄 발행 2013년 5월 10일
　　　　　　　3판 1쇄 발행 2014년 5월 20일
　　　　　　　4판 1쇄 발행 2016년 1월 15일 (개정판)
　　　　　　　5판 1쇄 발행 2017년 1월 20일
　　　　　　　6판 1쇄 발행 2018년 3월 20일
　　　　　　　7판 1쇄 발행 2020년 1월 30일
　　　　　　　7판 2쇄 발행 2021년 8월 10일
　　　　　　　8판 1쇄 발행 2024년 1월 20일

정가 15,000원

저자 | 중국사천대학　옮긴이 | 최승범　펴낸이 | 구정자
펴낸곳 | (주)씨실과 날실　출판등록 | 등록번호 (등록번호: 2007.6.15 제302-2007-000035)
펴낸곳 | 경기도 파주시 회동길 325-22(서패동 469-2) 1층　전화 | (031)955-9445　fax | (031)955-9446

판매대행 | 도서출판 세화　출판등록 | (등록번호: 1978.12.26 제1-338호)
편집부 | (031)955-9333　영업부 | (031)955-9331~2　fax | (031)955-9334
주소 | 경기도 파주시 회동길 325-22(서패동 469-2)

ISBN 979-11-89017-44-6 53410

*물가상승을 등 원자재 상승에 따라 가격은 변동될수 있습니다. 독자여러분의 의견을 기다립니다. *잘못된 책은 바꾸어드립니다.

올림피아드 수학의 지름길 초급-하

중국 사천대학 지음 | 최승범 옮김

씨실과 날실은 도서출판 세화의 자매브랜드입니다.

옮긴이의 말...

올림피아드 수학의 지름길을 번역 출간한지 어느덧 26여년이 지났습니다. 이 책을 소개한 이후에 세계수학 올림피아드 대회(IMO)에 우리나라가 중국을 제치고 1등을 하는 등 눈부신 성과가 이루어져 정말 보람되고 기쁘게 생각합니다.

이번에 올림피아드 수학의 지름길을 개정하면서 초등학교 수학용어에 맞게 부족한 부분을 고치고 다듬었으며 국내의 기출문제들을 추가하였습니다.

이 "올림피아드 수학의 지름길(초급)"은 초등학교 고학년과 중학교 학생들을 대상으로 하여 각종 수학 경시 대회에서 자주 다루어지는 문제들을 간추려 이해하기 쉽게 풀이하고 문제의 분석을 통하여 주입식 교육에서 벗어나 응용력, 사고력, 논리력 등을 키울 수 있게 편집에 각별한 정성을 기울였습니다.

이 책은 상, 하 두 권으로 구성되어 있는데, 상권에서는 수의 기본적인 성질, 그 응용문제 및 도형의 여러 종류에 대해 다루었고, 하권에서는 분수와 소수, 수열, 순열과 조합, 진법 등 한 단계 나아간 수의 성질과 수리 문제를 풀어보는 방법에 대해 다루었습니다.

끝으로 이 책을 통하여 자라나는 우리나라의 훌륭한 초·중학교 학생들의 수학 능력 개발에 큰 도움이 되길 바라면서 출판되기까지 도와 주신 중국 사천 대학 출판사와 올림피아드 수학의 지름길을 사랑해주시는 여러 학원계 종사자 및 교육 일선에 계시는 선생님들 및 학부모, 학생님께 감사드립니다.

최승범

초급(상, 하), 중급(상, 하), 고급(상, 하)의 6권으로 되어 있습니다.

초급

초등학교 3학년 이상의 과정을 다루었으며 수학에 자신있는 초등학생이 각종 경시대회에 참가하기 위한 준비서로 적합합니다.

중급

중학교 전학년 과정

각 편마다 각 학년 과정의 문제를 다루었고(상권), 4편(하권)은 특별히 경시대회를 준비하는 우수 학생을 대상으로 하고 있습니다. 중학생뿐만 아니라 고등학생으로서 중등수학의 기초가 부족한 학생에게 적합합니다.

고급

고등학교 수학 교재의 내용을 확실히 정리하였고, 수학 올림피아드 경시대회 수준의 난이도가 높은 문제를 수록하여, 대입을 위한 수학 문제집으로뿐만 아니라, 일선 교사에게도 좋은 참고 자료가 될 것입니다.

구성 및 활용...

초등 수학 과정의 심화내용과 수학에 대한 통합적인 창의적 사고력 향상과 각종 경시대회 대비시 기초를 쌓도록 하였습니다.

핵심요점 정리

각 단원의 핵심내용과 개념을 체계적으로 정리하고 예제 문제에 들어가기에 앞서 내신심화에서 이어지는 단원의 개념을 정리해 주었습니다.

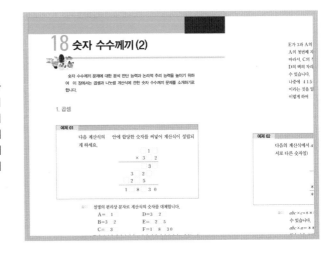

단원 연습문제

단원별 예제에 나왔던 유형의 문제에서 좀 더 응용발전된 문제들로 구성하여 최상위학습과 경시대회 준비를 할수 있도록 하였습니다.

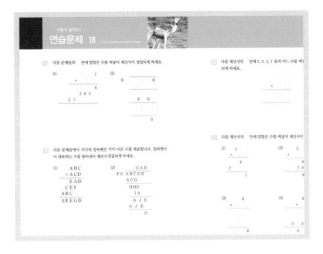

연습문제 해답/보충설명

다양한 연습문제 해답풀이 및 보충설명을 통해 연습문제 해답의 부족한 부분을 채워주고 풀이과정을 통해 문제의 원리를 깨우치게 하였습니다.

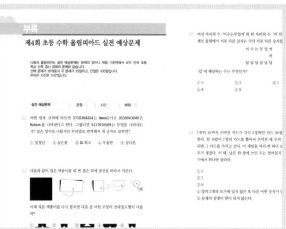

특별부록

초등 수학 올림피아드 실전 예상문제를 통해 문제 유형과 출제 경향을 완벽하게 파악해 실전 감각 향상에 역점을 두었습니다.

Contents

올림피아드 수학의 진수를 느껴보시기 바랍니다.

"수학의 천재를 발견하려면 초등수학에서 수론보다 더 훌륭한 과목은 없다." U.트댈리
"수학은 과학의 황후이고, 수론은 수학의 황후이다." 가우스

초급-하

15 분수와 소수 계산

이 장에서는 분수와 소수 계산에 관계되는 일부 지식을 배우기로 합니다.

1. 순환소수

(1) 순환소수에 관한 기초 지식

아래의 나눗셈에서 어떤 규칙성을 찾을 수 있을까?

(1) $10 \div 3$ (2) $70.7 \div 33$ (3) $196 \div 60$

(4) $14.2 \div 11$ (5) $10 \div 7$ (6) $5.52 \div 9$

나눈 후 몫의 소수 부분에서 어느 자리로부터 시작하여 한 개 또는 몇 개 숫자가 반복해서 나타나는 것을 볼 수 있을 것입니다. 이런 소수를 순환소수라고 부릅니다.

한 순환소수의 소수 부분에서 같은 차례로 되풀이 반복되는 배열을 순환소수의 순환마디(순환절)라고 부릅니다. 간략하게 하기 위하여 소수의 순환 부분에서 첫 순환마디만 적고, 이 순환마디의 첫 번째 숫자와 마지막 숫자 위에 점을 각각 하나씩 찍습니다. 이리하여 위의 6개 순환소수를 차례로 적어내면 다음과 같습니다.

$$3.\dot{3} \qquad 2.1\dot{4}\dot{2} \qquad 3.2\dot{6} \qquad 1.29\dot{0} \qquad 1.\dot{4}2857\dot{1} \qquad 0.61\dot{3}$$

위의 6개 순환소수 중 $3.\dot{3}$과 $1.\dot{4}2857\dot{1}$은 소수점의 다음 자리의 숫자부터 순환한다는 것을 발견할 수 있습니다. 이런 순환소수를 순순환소수라고 부릅니다.

$2.1\dot{4}\dot{2}$, $3.2\dot{6}$, $1.29\dot{0}$, $0.61\dot{3}$과 같은 순환소수의 순환마디는 소수점의 다음 자리로부터 시작되지 않습니다. 이런 순환소수는 혼순환소수라고 부릅니다.

소수의 소수 부분이 한없이 계속되는 소수를 무한소수, 그렇지 않은 소수를 유한소수라고 부릅니다.

어떤 이들은 무한소수이면 곧 순환소수로 되지 않는가 하고 물을 것입니다.

그렇지 않습니다. 학습 단계가 높아짐에 따라 더 많은 순환하지 않는 무한 소수를 만나게 될 것입니다. 소수는 다음과 같이 분류할 수 있습니다.

$$
소수
\begin{cases}
유한소수 \\
무한소수
\begin{cases}
(무한)순환소수
\begin{cases}
순순환소수 \\
혼순환소수
\end{cases} \\
무한비순환소수(무리수라고도 함)
\end{cases}
\end{cases}
$$

(2) 순환소수의 크기 비교

두 순환소수의 크기는 다음과 같이 비교합니다.

먼저 순환소수를 무한소수 형식으로 고쳐 쓴 다음 (유한)소수의 크기 비교 방법에 의해 어느 것이 더 큰가를 판단합니다.

예제 01

$2.1\dot{2}$, $2.\dot{1}\dot{2}$, 2.122의 크기를 비교해 보고 기호($<$)를 사용하여 그것들을 작은 것에서부터 큰 것으로의 순서로 배열하시오.

| 풀이 | 세 수를 고쳐 쓰면

$2.1\dot{2} = 2.1222\cdots$

$2.\dot{1}\dot{2} = 2.1212\cdots$

$2.122 = 2.1220\cdots$(비교의 편리상 0을 보탬)

이 세 수의 정수 부분과 소수 부분은 10분의 1자리의 숫자와 100분의 1 자리의 숫자는 같지만 1000분의 1자리의 숫자는 다릅니다. 비교하면 $2.\dot{1}\dot{2}$가 가장 작고 2.122가 그 다음이며 $2.1\dot{2}$가 가장 크다는 것을 알 수 있습니다.

$2.\dot{1}\dot{2} < 2.122 < 2.1\dot{2}$

예제 02

순환소수 2.718281의 소수 부분 어느 자리에 순환을 표시하는 점을 찍어서 새 순환소수를 되도록 크게 만드시오.

| 풀이 | 새 순환소수를 되도록 크게 만들라는 것은 실제로 새 순환마디를 이루는 숫자가 되도록 커야 한다는 말입니다. 그러므로 소수점 이하 모든 숫자 중에서 제일 큰 숫자를 택하여 새 순환마디의 첫 숫자로 되게 해야 합니다. 만일 이런 숫자가 몇 개 있다면 뒤의 숫자들의 크기를 비교해 보아야 합니다.

> 예 이 순환소수의 소수 부분에 8이 2개 있으므로 82와 81을 비교해야 합니다.

구하려는 순환소수는 $2.71\dot{8}28\dot{1}$입니다.

유사한 방법으로 다음의 문제를 풀 수 있을까?

순환소수 27.141613의 소수 부분 어느 자리에 순환을 표시하는 점을 찍어서 새 순환소수를 되도록 작게 만드시오.

(3) 순환소수를 분수로 고치기

유한소수를 분수로 고치는 방법은 이미 배웠습니다. 그러면 무한순환소수는 어떻게 고칠까?

① 순순환소수를 분수로 고치기

순순환소수를 분수로 고쳐 쓸 수 있습니다. 즉, 이 분수의 분자는 1개 순환마디의 숫자로 이루어진 수이고, 분모의 각 자리 숫자는 모두 9(9의 개수는 1개 순환마디의 자리 숫자와 같음)입니다.

> 예 $0.\dot{3} = \dfrac{3}{9} = \dfrac{1}{3}$　　　　　$0.\dot{6} = \dfrac{6}{9} = \dfrac{2}{3}$
>
> $0.\dot{2}\dot{7} = \dfrac{27}{99} = \dfrac{3}{11}$　　　$5.\dot{3}\dot{6} = 5\dfrac{36}{99} = 5\dfrac{4}{11}$

이제 $0.\dot{2}\dot{7}$을 예로 들어 이렇게 고쳐 쓸 수 있는 이유를 찾아봅시다.

$$\because 0.\dot{2}\dot{7} \times 100 = 27.\dot{2}\dot{7}, \quad 27.\dot{2}\dot{7} - 0.\dot{2}\dot{7} = 27$$

따라서 $0.\dot{2}\dot{7} \times 100 - 0.\dot{2}\dot{7} = 27$

즉, $0.\dot{2}\dot{7} \times 99 = 27$

$$\therefore 0.\dot{2}\dot{7} = \dfrac{27}{99}$$

② 혼순환소수를 분수로 고치기

혼순환소수를 분수로 고치면 다음과 같은 분수를 얻을 수 있습니다. 즉, 이 분수의 분자는 소수점 이하 두번째 순환마디 앞의 숫자로 이루어진 수에서 비순환 부분의 숫자로 이루어진 수를 뺀 차와 같고, 분모는 처음 몇 자리 숫자가 9(9의 개수는 1개 순환마디의 자리 숫자와 같음), 마지막 몇 자리 숫자가 0(0의 개수는 비순환 부분의 소수점 이하 자리 숫자와 같음)입니다.

예

$$0.5\dot{3} = \frac{53-5}{90} = \frac{48}{90} = \frac{8}{15}$$

$$0.2\dot{3}\dot{4} = \frac{234-2}{990} = \frac{232}{990} = \frac{116}{495}$$

$$0.1\dot{6} = \frac{16-1}{90} = \frac{15}{90} = \frac{1}{6}$$

이제 $0.5\dot{3}$을 예로 들어 이렇게 고쳐 쓸 수 있는 이유를 찾아봅시다.

$$\because 0.5\dot{3} \times 100 - 0.5\dot{3} \times 10 = 53.\dot{3} - 5.\dot{3} = 53 - 5$$

즉, $0.5\dot{3} \times (100 - 10) = 53 - 5$

$$\therefore 0.5\dot{3} = \frac{53-5}{100-10} = \frac{53-5}{90} = \frac{8}{15}$$

2. 분수와 소수의 계산

분수·소수의 혼합 계산 순서는 정수의 혼합 계산 순서와 같습니다.

일반적으로, 계산 과정에서 약분할 수 있는 것은 먼저 약분하고 순환소수는 분수로 고쳐야 합니다. 분수와 소수의 혼합 계산에서 분수 또는 소수로 고치면서 계산 법칙을 잘 이용하기만 하면 계산을 간단히 할 수 있습니다.

예제 03

$3.25 \times 1.36 \times 0.625 \div \left(3\frac{1}{4} \times 1\frac{9}{25} \times \frac{5}{8}\right)$를 계산하시오.

| 분석 | 이런 문제는 서둘러 계산하려고 하지 말고 잘 관찰해야 합니다.

관찰을 통해 $3.25 = 3\frac{1}{4}$, $1.36 = 1\frac{9}{25}$, $0.625 = \frac{5}{8}$라는 것을 알 수 있으므로 이 문제는 직접 답을 쓸 수 있습니다.

| 풀이 | $3.25 \times 1.36 \times 0.625 \div \left(3\dfrac{1}{4} \times 1\dfrac{9}{25} \times \dfrac{5}{8}\right)$

$= (3.25 \times 1.36 \times 0.625) \div (3.25 \times 1.36 \times 0.625) = 1$

또는

$3.25 \times 1.36 \times 0.625 \div \left(3\dfrac{1}{4} \times 1\dfrac{9}{25} \times \dfrac{5}{8}\right)$

$= 3\dfrac{1}{4} \times 1\dfrac{9}{25} \times \dfrac{5}{8} \div \left(3\dfrac{1}{4} \times 1\dfrac{9}{25} \times \dfrac{5}{8}\right) = 1$

예제 04

$$\dfrac{\left\{\left(6.2 \div 0.31 - \dfrac{5}{6} \times 0.9\right) \times 0.2 + 0.15\right\} \div 0.02}{\left(2 + 1\dfrac{4}{11} \times 0.22 \div 0.1\right) \times \dfrac{1}{33}}$$

를 계산하시오.

| 분석 | 이런 유형의 문제는 일률적으로 소수를 모두 분수로 고치거나 분수를 모두 소수로 고칠 것이 아니라 그것들의 수량 관계를 보아 가면서 응용해야 합니다. 물론, 대분수는 가분수로 고치고 약분을 먼저 해야 합니다.

| 풀이 |

$$원식 = \dfrac{\left\{\left(20 - \dfrac{1.5}{2}\right) \times 0.2 + 0.15\right\} \div \dfrac{2}{100}}{\left(2 + \dfrac{15}{11} \times 0.22 \times 10\right) \times \dfrac{1}{33}}$$

$$= \dfrac{(4 - 0.15 + 0.15) \times \dfrac{100}{2}}{(2 + 15 \times 0.02 \times 10) \times \dfrac{1}{33}}$$

$$= \dfrac{4 \times \dfrac{100}{2}}{5 \times \dfrac{1}{33}} = 200 \times \dfrac{33}{5} = 1320$$

예제 05

$\dfrac{382 + 498 \times 381}{382 \times 498 - 116}$ 을 계산하시오.

| 분석 | 이런 유형의 문제는 일반적인 방법(즉, 먼저 분자와 분모를 각각 계산하는 방법)으로 풀면 여러 자리 수의 곱셈과 나눗셈을 하게 되므로 계산이 번거로워집니다.

그러므로 분자와 분모에 각각 498×381, 382×498이 있고, 또 $498 - 116 = 382$라는 데 주의하면서 곱셈의 분배 법칙을 이용해서 풀면 간편해집니다.

| 풀이 |

$$
\begin{aligned}
\text{원식} &= \frac{382 + 498 \times 381}{(381 + 1) \times 498 - 116} \\
&= \frac{382 + 498 \times 381}{381 \times 498 + 498 - 116} \\
&= \frac{498 \times 381 + 382}{498 \times 381 + 382} = 1
\end{aligned}
$$

예제 06

$$
\frac{121121121121}{212121212121} \times \frac{121212121212}{212212212212} \text{ 를 계산하시오.}
$$

| 분석 | 이 문제를 간편하게 계산하려면 기교가 있어야 합니다.

분자·분모의 네 수를 관찰하면 다음과 같은 규칙성이 있다는 것을 발견할 수 있습니다. 즉,

분자 : $\underline{121}\ \underline{121}\ \underline{121}\ \underline{121} = \underline{100}\ \underline{100}\ 1001 \times 121$

$\quad\quad \underline{12}\ \underline{12}\ \underline{12}\ \underline{12}\ \underline{12}\ \underline{12} = \underline{10}\ \underline{10}\ \underline{10}\ \underline{10}\ 101 \times 12$

분모 : $\underline{21}\ \underline{21}\ \underline{21}\ \underline{21}\ \underline{21}\ \underline{21} = \underline{10}\ \underline{10}\ \underline{10}\ \underline{10}\ 101 \times 21$

$\quad\quad \underline{212}\ \underline{212}\ \underline{212}\ \underline{212} = \underline{100}\ \underline{100}\ 1001 \times 212$

그리하여 계산이 훨씬 간편해집니다.

위의 분해법칙은 스스로 찾아봅니다.

| 풀이 |

$$
\begin{aligned}
\text{원식} &= \frac{1001001001 \times 121}{10101010101 \times 21} \times \frac{10101010101 \times 12}{1001001001 \times 212} \\
&= \frac{121 \times 12}{21 \times 212} = \frac{121}{371}
\end{aligned}
$$

다음의 번분수를 간단히 하시오.

(1) $\dfrac{1}{2+\dfrac{1}{2+\dfrac{1}{2+\dfrac{1}{2}}}}$

(2) $\dfrac{3\dfrac{1}{2}\div(2.5+1)}{1+\dfrac{1}{1-\dfrac{1}{2}}}$

| 분석 | 번분수에서 분수선은 '나누기'의 뜻도 있고 또 괄호의 작용도 있습니다. 그러므로 (1)의 번분수를 다음과 같이 쓸 수 있습니다.

$$1+\left[2+1\div\left\{2+1\div\left(2+\dfrac{1}{2}\right)\right\}\right]$$

| 풀이 | (1) 원식 $=\dfrac{1}{2+\dfrac{1}{2+\dfrac{1}{\frac{5}{2}}}}=\dfrac{1}{2+\dfrac{1}{2+\dfrac{2}{5}}}$

$=\dfrac{1}{2+\dfrac{1}{\frac{12}{5}}}=\dfrac{1}{2+\dfrac{5}{12}}$

$=\dfrac{1}{\dfrac{29}{12}}=\dfrac{12}{29}$

(2) 원식 $=\dfrac{\dfrac{7}{2}\times\dfrac{10}{35}}{1+\dfrac{1}{\frac{1}{2}}}=\dfrac{1}{3}$

예제 08

다음 분수들의 크기를 비교해 보시오.

(1) $\dfrac{34331279}{34331281}$ 와 $\dfrac{51496919}{51496922}$

(2) $\dfrac{34331279}{51496919}$ 와 $\dfrac{34331281}{51496922}$

| 풀이 | (1) $\dfrac{34331279}{34331281} = 1 - \dfrac{2}{34331281}$

$$= 1 - \dfrac{1}{17165640 + \dfrac{1}{2}}$$

$$\dfrac{51496919}{51496922} = 1 - \dfrac{3}{51496922} = 1 - \dfrac{1}{17165640 + \dfrac{2}{3}}$$

그런데 $17165640 + \dfrac{2}{3}$ 가 $17165640 + \dfrac{1}{2}$ 보다 크므로

$\dfrac{1}{17165640 + \dfrac{2}{3}}$ 이 $\dfrac{1}{17165640 + \dfrac{1}{2}}$ 보다 작고, 나아가서

$1 - \dfrac{1}{17165640 + \dfrac{2}{3}}$ 이 $1 - \dfrac{1}{17165640 + \dfrac{1}{2}}$ 보다 크다는 것

을 알 수 있습니다.

$$\therefore \dfrac{51496919}{51496922} > \dfrac{34331279}{34331281}$$

(2) 두 수의 차로 표시하면

$$\dfrac{34331279}{51496919} - \dfrac{34331281}{51496922}$$

$$= \dfrac{(34331280 - 1) \times 51496922 - (34331280 + 1) \times 51496919}{51496919 \times 51496922}$$

$$= \dfrac{34331280 \times 3 - 51496922 - 51496919}{51496919 \times 51496922}$$

$$= \dfrac{102993840 - 102993841}{51496919 \times 51496922}$$

위 식에서 분자 중의 빼어지는 수가 빼는 수보다 작습니다.

$$\therefore \dfrac{34331281}{51496922} > \dfrac{34331279}{51496919}$$

$\dfrac{a}{3}$, $\dfrac{b}{4}$와 $\dfrac{c}{6}$는 가장 간단한 진분수입니다. 만일 이 세 분수의 분자에 모두 c를 더한다면 세 분수의 합이 6이 됩니다.
이 세 진분수를 구하시오.

| 풀이 | $\dfrac{a+c}{3} + \dfrac{b+c}{4} + \dfrac{c+c}{6} = 6$이므로 분모를 없애고 정리하면

$4a + 3b + 11c = 72$ ······($*$)

그러면 주어진 조건으로부터 $a=1$ 또는 2, $b=1$ 또는 3, $c=1$ 또는 5라는 것을 알 수 있습니다. 검증을 통하여 $a=2$, $b=3$, $c=5$일 때만 $*$ 식을 만족시킬 수 있다는 것을 알 수 있습니다.

그러므로 구하려는 세 수는 각각 $\dfrac{2}{3}$, $\dfrac{3}{4}$, $\dfrac{5}{6}$입니다.

n은 자연수, d는 십진법의 한 숫자, $\dfrac{n}{810} = 0.\dot{d}2\dot{5}$라면 n은 몇입니까?

| 풀이 | $0.\dot{d}2\dot{5} = \dfrac{d \times 100 + 25}{999}$, $\dfrac{n}{810} = \dfrac{d \times 100 + 25}{999}$

$\therefore n = \dfrac{d \times 100 + 25}{999} \times 810 = \dfrac{d \times 100 + 25 \times 30}{37}$

n이 자연수이고 37과 30에 공약수가 없으므로 $d \times 100 + 25$는 37로 나누어떨어질 수 있습니다. 또, d가 10진법의 한 숫자(즉 한 자리 숫자)이므로 검증을 통하여

$37 \times 5 = 185$, $37 \times 15 = 555$, $37 \times 25 = 925$, $37 \times 35 = 1295$

를 얻을 수 있습니다(왜 이 몇 숫자만 검증하는가는 스스로 생각해 보시오). 이로부터 d가 9라는 것을 알 수 있습니다.

$\therefore n = \dfrac{925 \times 30}{37} = 750$

예제 11

$\dfrac{1}{7}$을 소수로 고친다면 소수점 이하 제100자리의 숫자는 몇입니까?

| 풀이 | $\dfrac{1}{7}=0.\dot{1}4285\dot{7}$이므로 한 순환마디가 6개 숫자로 이어졌음을 알 수 있습니다. 그런데, $100\div6=16$(나머지 4)이므로 소수점 이하 제100자리의 숫자는 제16 순환마디 뒤의 네번째 숫자, 즉 8임을 알 수 있습니다.

01 다음 소수들의 순환마디를 표시하고 어느 것이 순순환소수이고 어느 것이 혼순환소수인가를 말해 보시오.

(1) 4.777…

(2) 4.7888…

(3) 1.7878…

(4) 5.2804804…

(5) 2.3423512351…

02 다음 분수들을 소수로 고치시오.

$$4\frac{5}{8} \quad 3\frac{2}{3} \quad \frac{7}{20000} \quad 1\frac{5}{7} \quad \frac{13}{42}$$

03 다음 소수들을 분수로 고치시오.

$$2.3\dot{8}\dot{0} \quad 0.8\dot{0}\dot{3} \quad 5.3\dot{0}\dot{6} \quad 7.6\dot{0}7\dot{4}$$

04 다음 분수들 중 유한소수로 고칠 수 있는 분수를 가려 내시오.

$$\frac{4}{5} \quad \frac{4}{11} \quad \frac{5}{8} \quad \frac{5}{6} \quad \frac{8}{15} \quad \frac{3}{40} \quad \frac{18}{125} \quad \frac{1}{3} \quad \frac{2}{7}$$

05 순환소수 $1.10010\dot{2}0\dot{3}$에서 앞의 순환점을 이동하여 새 순환소수를 되도록 작은 수가 되게 만드시오.

06 $0.3\dot{4}\dot{5}$와 $0.345\dot{4}$의 크기를 비교해 보시오.

07 다음 수들을 크기가 작은 순으로 나열해 보시오.

(1) $0.\dot{7}$ 0.71 70.6% $\dfrac{7}{10}$ $0.\dot{7}\dot{0}$

(2) 3.14 $3.\dot{1}\dot{4}$ $3.1\dot{4}$ $\pi\,(\pi=3.14159\cdots)$

08 $\dfrac{1}{7}=0.\dot{1}4285\dot{7}$, $\dfrac{2}{7}=0.\dot{2}8571\dot{4}$, $\dfrac{3}{7}=0.\dot{4}2857\dot{1}$이라면 $\dfrac{5}{7}$는 얼마입니까? 여기에서 어떤 규칙성을 찾을 수 없을까? $\dfrac{18}{7}$은 얼마입니까?

09 순환소수 $0.0\dot{2}\dot{7}$과 $0.\dot{1}5384\dot{6}$의 곱의 근사값을 반올림으로 소수 1000자리까지 남기려 합니다. 이 소수의 맨 마지막 숫자는 몇입니까?

10 다음 문제들을 계산하시오.

(1) $\dfrac{\dfrac{1}{4} \div \left\{ 62\dfrac{1}{4} - \left(8.5 - 0.4 \times 1\dfrac{7}{8} \right) \div 0.125 \right\}}{\left\{ 2 - \left(5.55 \times 1\dfrac{1}{3} - 2.7 \div 0.4 \right) \right\} \div 0.135}$

(2) $\dfrac{\dfrac{7}{18} \times 4\dfrac{1}{2} \times \dfrac{1}{6}}{13\dfrac{1}{3} - 3\dfrac{3}{4} \div \dfrac{5}{16}} \times 2\dfrac{7}{8}$

(3) $\dfrac{\left(\dfrac{1}{3} \div 0.3 \right) \times 0.1}{0.8 \times \left(1.5 - \dfrac{1}{4} \right)}$

(4) $2\dfrac{2}{5} - \dfrac{1}{\dfrac{1}{2} + \dfrac{1}{1 - \dfrac{1}{2}}}$

(5) $\dfrac{0.5 + 4.8 \times \dfrac{1}{6}}{0.5 \times 4.8 \times \dfrac{1}{6}} + \dfrac{1}{1 + \dfrac{1}{1 - \dfrac{1}{2}}}$

(6) $\left\{ 36.6 - \left(\dfrac{6}{3\dfrac{1}{3}} + \dfrac{1}{3} \right) \times 4\dfrac{1}{2} \right\} \div \left(7\dfrac{1}{20} + 6.35 \right)$

11 다음 문제들을 계산하시오.

(1) $\dfrac{1+2+3+4+5+6+7+8+7+6+5+4+3+2+1}{88888888 \times 88888888}$

(2) $1 - \dfrac{1}{10} - \dfrac{1}{100} - \dfrac{1}{1000} - \cdots - \dfrac{1}{10000000000}$

(3) $\dfrac{1234567890}{(1234567891)^2 - 1234567890 \times 1234567892}$

(4) $\left(1+\dfrac{1}{2}\right) \times \left(1-\dfrac{1}{2}\right) \times \left(1+\dfrac{1}{3}\right) \times \left(1-\dfrac{1}{3}\right) \times \cdots \times \left(1+\dfrac{1}{100}\right) \times \left(1-\dfrac{1}{100}\right)$

(5) $\dfrac{1 \times 2 \times 3 + 2 \times 4 \times 6 + \cdots + 100 \times 200 \times 300}{2 \times 3 \times 4 + 4 \times 6 \times 8 + \cdots + 200 \times 300 \times 400}$

12 다음 분수들을 작은 것에서부터 큰 것으로의 순서로 배열하시오.

$$\dfrac{10}{519}, \quad \dfrac{14}{725}, \quad \dfrac{15}{776}, \quad \dfrac{21}{1088}, \quad \dfrac{35}{1814}$$

13 $\dfrac{61}{495}$ 을 소수로 고치면 소수점 이하 제100자리 숫자는 몇입니까?

16 분수 응용 문제

1. 기본적인 분수 응용 문제

분수 응용 문제에는 다음과 같은 세 가지 기본적인 응용 문제가 있습니다.
즉,

(1) 어떤 수가 다른 한 수의 몇 분의 몇인가를 구하는 문제
(2) 어떤 수의 몇 분의 몇이 얼마인가를 구하는 문제
(3) 어떤 수의 몇 분의 몇을 알고 이 수를 구하는 문제

분수 응용 문제에서 만일 동일한 의미를 가지는 두 개의 양을 각각 **표준량**('1')과 **대비량**이라 부르고, 대비량과 표준량의 배수 관계를 나타내는 분수(또는 소수, 백분율, 비)를 **분율**이라 한다면, 이 세 개 양의 수량 관계는 다음과 같이 표시할 수 있습니다. 즉,

$$분 \quad 율 = 대비량 \div 표준량$$
$$대비량 = 표준량 \times 분율$$
$$표준량 = 대비량 \div 분율$$

분수 응용 문제를 풀 때, 일반적으로 분율로부터 시작하여 먼저 어느 것이 표준량 '1'인가를 판단하고, 분석을 통하여 대비량과 표준량 '1'의 대응 관계를 찾은 다음 위의 관계식을 이용하여 답을 구하게 됩니다.

예제 01

아버지가 사온 잉어를 보고 영철이는 무게가 얼마나 되는가 하고 물었습니다. 그러자 아버지는 "$\frac{3}{5}$kg에 물고기 무게의 $\frac{3}{4}$을 더한 것과 같다"라고 말씀하시는 것이었습니다. 이 물고기의 무게는 얼마나 됩니까?

| 분석 | 이 물고기의 무게는 $\frac{3}{5}$kg과 물고기 무게의 $\frac{3}{4}$의 합과 같으므로 물고기 무게를 표준량 '1'로 볼 수 있습니다. 그러면 $\frac{3}{5}$kg이 물고기 무게의 $\left(1-\frac{3}{4}\right)$과 같다는 것을 알 수 있습니다.

| 풀이 | $\dfrac{3}{5}\div\left(1-\dfrac{3}{4}\right)=\dfrac{12}{5}=2.4(\mathrm{kg})$

∴ 이 물고기 무게는 2.4kg입니다.

예제 02

물이 얼어서 얼음으로 될 때 부피가 $\dfrac{1}{11}$ 증가한다면 얼음이 녹아서 물로 될 때 부피의 몇 분의 몇이 감소됩니까?

| 분석 | 만일 물의 부피를 표준량 '1'로 본다면 얼음의 부피는 $\left(1+\dfrac{1}{11}\right)=\dfrac{12}{11}$라고 할 수 있습니다.

얼음이 녹아서 물로 될 때 감소한 부피를 얼음의 부피로 나누면 그 몫이 바로 부피의 몇 분의 몇이 감소되었는가를 나타내는 것입니다.

| 풀이 | $\left(1+\dfrac{1}{11}-1\right)\div\left(1+\dfrac{1}{11}\right)=\dfrac{1}{12}$

∴ 얼음이 녹아서 물로 될 때 얼음의 부피의 $\dfrac{1}{12}$이 감소되었습니다.

예제 03

어느 중학교 1학년 학생수가 전교 학생수의 25%를 차지하고, 2학년과 3학년 학생수의 비가 3 : 4이며, 1학년 학생이 3학년 학생보다 40명 적습니다. 1학년 학생은 몇 명입니까?

| 분석 | 1학년 학생수를 구하려면 전교 학생수를 알아야 하고, 전교 학생수를 구하려면 1학년과 3학년 학생수의 차가 전교 학생수의 몇 분의 몇을 차지하는가를 알아야 합니다. 그런데 3학년 학생수는 전교 학생수의 $(1-25\%)\times\dfrac{4}{3+4}=\dfrac{3}{7}$이므로 1학년과 3학년 학생수의 차는 전교 학생수의 $\dfrac{3}{7}-25\%=\dfrac{5}{28}$에 해당합니다.

| 풀이 | $40\div\left\{(1-25\%)\times\dfrac{4}{3+4}-25\%\right\}\times25\%=56(명)$

∴ 1학년 학생은 56명입니다.

4m도 채 안 되는 대막대기 하나가 있는데, 한 끝으로부터 2m 떨어진 곳을 A, 다른 한 끝으로부터 2m 떨어진 곳을 B로 표시했더니 A와 B 사이의 거리가 대막대기 길이의 $\frac{1}{9}$이었습니다. 이 대막대기의 길이는 얼마입니까?

| 분석 |

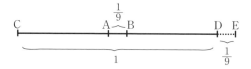

먼저 문제에 근거하여 위의 그림을 그릴 수 있습니다.

그림에서 C와 D는 대막대기의 두 끝점, 선분 $\overline{CD}$는 선분 $\overline{CB}$와 선분 $\overline{AD}$가 부분적으로 겹쳐서 이루어진 것(겹친 부분은 $\overline{AB}$)으로 볼 수 있습니다.

만일 $\overline{AD}$를 오른쪽으로 수평 이동시킨다면 A점과 선분 $\overline{CB}$의 끝점 B가 합치되고 D점이 E점 위에 놓이게 됩니다.

그러므로 $\overline{BE}=\overline{AD}=2m$, $\overline{CE}=\overline{CB}+\overline{BE}=2+2=4(m)$입니다.

만일 선분 $\overline{CD}$(대막대기의 길이)를 표준량 '1'로 본다면

$\overline{DE}=\overline{AB}=\frac{1}{9}$이고 $\overline{CE}$의 길이 4m는 $\overline{CD}$의 $\left(1+\frac{1}{9}\right)$에 해당한다고 할 수 있습니다.

| 풀이 | $2\times2\div\left(1+\frac{1}{9}\right)=3.6(m)$

∴ 이 대막대기의 길이는 3.6m입니다.

예제 05

A, B 두 통에 식용유가 들어 있는데 A통의 것이 B통의 것보다 2.4kg 더 많습니다. 만일 두 통에서 식용유를 각각 0.6kg씩 꺼낸다면 A통에 남은 식용유의 $\dfrac{5}{21}$가 B통에 남은 식용유의 $\dfrac{1}{3}$과 같게 된다고 합니다. 이 두 통에는 식용유가 각각 몇 kg씩 들어 있습니까?

| 분석 | 두 통에서 식용유를 각각 0.6kg씩 꺼낸다 해도 두 통에 남은 식용유의 차이는 여전히 2.4kg입니다. 만일 B통에 남는 식용유를 표준량 '1'로 본다면 "A통에 남은 식용유의 $\dfrac{5}{21}$가 B통에 남은 식용유의 $\dfrac{1}{3}$과 같게 된다"는 조건에 의해 다음의 수량 관계가 얻어집니다. 즉,

A통에 남은 식용유

$= $ B통에 남은 식용유의 $\dfrac{1}{3} \div \dfrac{5}{21}$

$= $ B통에 남은 식용유의 $\dfrac{7}{5}$

따라서 두 통에 남은 식용유의 차 2.4kg은 B통에 남은 식용유의 $\dfrac{7}{5} - 1 = \dfrac{2}{5}$에 해당한다는 것을 알 수 있습니다.

| 풀이 | $2.4 \div \left(\dfrac{1}{3} \div \dfrac{5}{21} - 1 \right) + 0.6 = 6.6 (\text{kg})$

$6.6 + 2.4 = 9 (\text{kg})$

∴ 식용유는 A통에 9kg, B통에 6.6kg 들어 있습니다.

만일 A통에 남은 식용유를 표준량 '1'로 본다면 계산식이 어떻게 달라집니까?

어느 공장의 제 1 작업반 인원수가 제 2 작업반 인원수의 5분의 4보다 30명 적다고 합니다.

만일 제 2 작업반에서 10명을 제 1 작업반에 보낸다면 제 1 작업반 인원수가 제 2 작업반 인원수의 4분의 3이 됩니다.

원래 두 작업반의 인원수는 각각 몇 명입니까?

| 분석 | 제 2 작업반의 원래의 인원수를 표준량 '1'로 본다면 조정 후

제 1 작업반 현재의 인원수

$$= \text{제 2 작업반 현재의 인원수} \times \frac{3}{4}$$

$$= (\text{제 2 작업반 현재의 인원수} - 10) \times \frac{3}{4}$$

$$= \text{제 2 작업반 현재의 인원수} \times \frac{3}{4} - 10 \times \frac{3}{4} \quad \cdots\cdots ①$$

제 1 작업반 현재의 인원수

$$= \text{제 2 작업반 현재의 인원수} \times \frac{4}{5} - 30$$

$$\Rightarrow \text{제 1 작업반 현재의 인원수} - 10$$

$$= \text{제 2 작업반 현재의 인원수} \times \frac{4}{5} - 30$$

$$\Rightarrow \text{제 1 작업반 현재의 인원수}$$

$$= \text{제 2 작업반 현재의 인원수} \times \frac{4}{5} - (30 - 10) \quad \cdots\cdots ②$$

①과 ②로부터

$$\text{제 2 작업반 현재의 인원수} \times \frac{3}{4} - 10 \times \frac{3}{4}$$

$$= \text{제 2 작업반 현재의 인원수} \times \frac{4}{5} - (30 - 10)$$

$$\Rightarrow \text{제 2 작업반 현재의 인원수} \times \left(\frac{4}{5} - \frac{3}{4} \right)$$

$$= 30 - 10 - 10 \times \frac{3}{4}$$

| 풀이 | $\left(30 - 10 - 10 \times \dfrac{3}{4} \right) \div \left(\dfrac{4}{5} - \dfrac{3}{4} \right) = 250 \text{(명)}$

$$250 \times \frac{4}{5} - 30 = 170 \text{(명)}$$

∴ 원래 제 1 작업반 인원수는 170명, 제 2 작업반 인원수는 250명입니다.

2. 속력과 작업 능률에 관한 문제

작업 능률·작업 시간과 작업량 사이의 상호 관계에 관한 응용 문제를 작업 능률 문제라고 부릅니다. 이런 유형의 문제의 주요 수량 관계는 다음 식으로 표시할 수 있습니다. 즉,

$$작업 \ 능률 = \frac{총 \ 작업량}{작업 \ 시간}$$

작업 능률 문제를 풀 때 일반적으로 총 작업량을 '1'로 보고 작업 능률(즉, 단위 시간 내에 총 작업량의 몇 분의 몇을 완성할 수 있는가 하는 것)을 구한 다음, 그것들의 수량 관계에 근거하여 구체적으로 분석하면서 답을 구하면 됩니다.

예제 07

> 어떤 일을 갑이 혼자서 하면 10일, 을이 혼자서 하면 12일, 병이 혼자서 하면 15일에 끝낼 수 있다고 합니다. 지금 갑과 병이 함께 3일간 일한 다음 나머지를 을에게 맡겨 완성하려고 합니다. 이 일을 완성하는 데 모두 며칠이 걸립니까?

| 풀이 | 총 작업량을 '1'로 본다면 갑·을·병의 작업 능률은 각각 $\frac{1}{10}$, $\frac{1}{12}$, $\frac{1}{15}$입니다. 만일 갑과 을이 함께 한 다음 나머지를 을이 혼자서 x일 걸려야 완성할 수 있다면 조건에 의하여

$$\left(\frac{1}{10}+\frac{1}{15}\right)\times 3+\frac{1}{12}x=1$$

즉, $\frac{1}{12}x=1-\left(\frac{1}{10}+\frac{1}{15}\right)\times 3$

$$x=\left\{1-\left(\frac{1}{10}+\frac{1}{15}\right)\times 3\right\}\div\frac{1}{12}=6$$

그러므로 이 일을 완성하는 데 걸리는 시간 : 6＋3＝9(일)

위의 방정식을 산수식으로 바꾸어 푼다면

$$\left\{1-\left(\frac{1}{10}+\frac{1}{15}\right)\times 3\right\}\div\frac{1}{12}+3=9(일)$$

∴ 이 일을 완성하는 데는 9일이 걸립니다.

어떤 일을 갑이 혼자서 하면 15일, 을이 혼자서 하면 20일에 끝낼 수 있다고 합니다. 그런데 도중에 휴식을 갖다 보니 갑과 을이 함께 12일 만에 끝냈습니다. 도중에 을이 4일간 쉬었다면 갑은 며칠 쉬었습니까?

| 분석 | 가령 12일 동안 누구도 쉬지 않고 일을 했더라면 이 일의 $\left(\dfrac{1}{15}+\dfrac{1}{20}\right)\times12=\dfrac{7}{5}$ 을 완성하였을 것입니다. 여기에서 초과 부분 $\dfrac{7}{5}-1=\dfrac{2}{5}$ 는 을이 쉰 4일 동안 할 수 있는 작업량과 갑이 쉰 며칠 동안 할 수 있는 작업량의 합입니다. 그런데 을이 4일 동안 작업량의 $\dfrac{1}{20}\times4=\dfrac{1}{5}$ 을 할 수 있으므로 $\dfrac{2}{5}-\dfrac{1}{5}=\dfrac{1}{5}$ 은 갑이 쉰 그 며칠 동안 할 수 있는 양입니다.

| 풀이 | $\left\{\left(\dfrac{1}{15}+\dfrac{1}{20}\right)\times12-1-\dfrac{1}{20}\times4\right\}\div\dfrac{1}{15}=3(일)$

∴ 갑은 3일 동안 쉬었습니다.

위의 문제를 방정식으로 풀려면 어떻게 해야 할지 생각해 봅니다.

거리·속력과 시간 사이의 상호 관계에 관한 응용 문제를 속력 문제라고 부릅니다.

속력 문제의 주요 수량 관계는 다음 식으로 표시할 수 있습니다. 즉,

$$거리＝속력\times시간$$

속력 문제도 작업 능률 문제와 비슷한 방법으로 풀 수 있습니다.

이런 유형의 문제를 풀 때 일반적으로 전체 거리를 '1'로 보게 되는데, 이렇게 되면 속력(즉, 단위 시간 내에 전체 거리의 몇 분의 몇을 갈 수 있는가 하는 것)은 시간의 역수로 됩니다.

A 도시와 B 도시 사이를 달리는 데 급행 열차는 5시간 걸리고, 완행 열차는 급행 열차가 걸린 시간의 $\frac{1}{5}$시간이 더 걸린다고 합니다. 만일 두 열차가 두 도시에서 동시에 떠나 마주 향해 2시간을 달린 후 완행 열차가 그 자리에 선다면 급행 열차는 96km를 더 달려야 완행 열차와 만날 수 있습니다.

두 도시 사이의 거리는 몇 km입니까?

| 풀이1 | 만일 모든 거리(즉, A, B 두 도시 사이의 거리)를 '1'로 본다면, 급행 열차와 완행 열차의 속력은 각각 $\frac{1}{5}$과 $\dfrac{1}{5+5\times\frac{1}{5}}=\frac{1}{6}$

로, 두 열차가 2시간 달린 거리는 모든 거리의

$\left(\dfrac{1}{5}+\dfrac{1}{6}\right)\times2=\dfrac{11}{15}$로 볼 수 있습니다. 이렇게 되면 나머지 거리$\left($즉, 모든 거리의 $1-\dfrac{11}{15}=\dfrac{4}{15}\right)$는 96km에 해당합니다.

그러므로 모든 거리는

$$96\div\left\{1-\left(\dfrac{1}{5}+\dfrac{1}{5+5\times\frac{1}{5}}\right)\times2\right\}=360(\mathrm{km})$$

| 풀이2 | A, B 두 도시 사이의 거리를 $x(\mathrm{km})$라 하면, 조건에 의해

$$x=\dfrac{x}{5}\times2+\dfrac{x}{5+5\times\frac{1}{5}}\times2+96$$

$$즉, x\left(1-\dfrac{1}{5}\times2-\dfrac{1}{6}\times2\right)=96$$

$$\therefore x=96\div\left(1-\dfrac{1}{5}\times2-\dfrac{1}{6}\times2\right)$$

$$\therefore x=360$$

$\therefore$ A, B 두 도시 사이의 거리는 360km입니다.

01 동생의 나이는 언니의 나이보다 $\frac{1}{11}$이 적습니다. 언니의 나이는 동생의 나이보다 몇 분의 몇이 더 많습니까?

02 6학년 1반의 남학생 수는 학급 학생수의 $\frac{3}{5}$보다 5명이 적고, 여학생 수는 학급 학생수의 $\frac{1}{2}$입니다. 이 학급의 학생수는 몇 명입니까?

03 A, B, C 세 수가 있는데, 그 합이 1101입니다. 만일 A가 B의 75%이고, C가 B보다 1이 더 많다는 것을 안다면 이 세 수는 각각 얼마입니까?

04 철사가 한 가닥 있었는데, 첫 번째에는 전체 길이의 $\frac{1}{3}$보다 3m 더 쓰고,
두 번째에는 첫 번째보다 $\frac{1}{3}$ 더 썼더니 6m밖에 안 남았습니다.
이 철사의 원래 길이는 얼마입니까?

05 두 가지 소금물이 있습니다. 첫 번째 것은 소금의 농도가 20%인데 물이
소금보다 12kg 더 많고, 두 번째 것은 소금이 $13\frac{1}{8}$kg 들어 있는데 물이
소금보다 $\frac{2}{7}$가 더 많습니다. 만일 이 두 가지 소금물을 혼합한다면 소금
의 농도가 얼마가 됩니까?

06 어느 초등학교의 무용단과 합창단의 인원수는 모두 66명입니다. 만일
무용단 인원수의 $\frac{1}{2}$과 합창단 인원수의 $\frac{3}{7}$의 합이 30명이라면 무용단
과 합창단의 인원수는 각각 몇 명입니까?

07 앞마당에 귤나무가 한 그루 있습니다. 첫날에 전체 귤의 $\frac{1}{10}$을 따고 그 다음 8일 동안은 그 날 있던 귤의 $\frac{1}{9}$, $\frac{1}{8}$, ···, $\frac{1}{3}$, $\frac{1}{2}$을 땄습니다.
이렇게 9일 동안 땄더니 나무에 귤이 10알밖에 안 남았습니다.
이 귤나무에 원래 귤이 몇 알 있었습니까?

08 어느 공장에서 제1작업반 인원수의 $\frac{1}{5}$을 제2작업반에 보냈더니 제2 작업반 인원수가 제1작업반 인원수의 $\frac{3}{4}$으로 되었습니다.
만일 제2작업반 인원수가 원래 22명이었다면 제1작업반 인원수는 원래 몇 명이었습니까?

09 어떤 일을 갑, 을 두 사람이 함께 하면 10시간에 끝낼 수 있습니다.
그런데 실제로는 두 사람이 4시간 동안 함께 한 후 갑이 휴식하고 나머지 일을 을이 혼자서 18시간 동안 모두 했다고 합니다.
만일 갑, 을 두 사람이 혼자서 한다면 각각 몇 시간 걸리겠습니까?

10 두 부두 사이를 A 기선은 6시간, B 기선은 4시간이면 모두 항해할 수 있습니다. 그런데 두 기선이 두 부두에서 동시에 마주 향해 떠났더니 중간지점으로부터 18km 떨어진 곳에서 만났다고 합니다.
이 두 부두 사이의 거리는 몇 km입니까?

11 화물을 경운기 5대로 매일 8시간씩 나르면 12일에 모두 나를 수 있고, 수레 12대로 매일 10시간씩 나르면 5일에 모두 나를 수 있으며 트럭 3대로 매일 8시간씩 나르면 5일에 모두 나를 수 있다고 합니다.
만일 경운기 4대, 수레 5대, 트럭 3대로 매일 8시간씩 함께 나른다면 며칠에 모두 나를 수 있습니까?

17 수열 (2)

초급 상권 제1장에서 등차수열과 등비수열의 일부 기초 지식을 배웠습니다. 이런 내용들은 고등학교에 가서야 상세하고도 체계적으로 배울 수 있습니다. 이 장에서는 수열 문제를 푸는 방법과 등차수열과 등비수열의 일부 계산 공식을 소개하겠습니다.

1. 등차수열 · 등비수열의 계산 공식

어떤 수열을 일반적으로 문자로 다음과 같이 표시할 수 있습니다.

$$a_1, \ a_2, \ a_3 \cdots, \ a_n, \ \cdots$$

여기에서 a_1은 제1항, a_2는 제2항, $\cdots\cdots$ a_n은 제 n항입니다.

만일 위의 수열이 등차수열이라면(공차는 d로 표시) 제 n항은 $a_n = a_1 + (n-1) \times d$로, n항까지의 합은

$$S_n = a_1 + a_2 + \cdots + a_n = \frac{(a_1 + a_n) \times n}{2}$$

으로 표시할 수 있습니다.

예를 들어 3, 9, 15, 21, $\cdots$과 같은 등차수열이 있다고 합시다. 그러면 이 등차수열의 공차 $d=6$, 제101항은 $a_{101} = 3 + (101-1) \times 6 = 603$

101항까지의 합은

$$S_{101} = \frac{(3+603) \times 101}{2} = 30603$$

만일 위의 수열이 등비수열이라면 공비는 r로, 제 n 항은 $a_n = a_1 \times r^{n-1}$로, $r \neq 1$인 경우 n항까지의 합은 $S_n = \dfrac{a_n r - a_1}{r - 1}$로 표시할 수 있습니다.

예를 들어, 2, 6, 18, $\cdots$과 같은 등비수열이 있다고 합시다. 그러면 공비 $r=3$, 제10항은 $a_{10} = 2 \times 3^9 = 39366$ 10항까지의 합은

$$S_{10} = \frac{39366 \times 3 - 2}{3 - 1} = 19683 \times 3 - 1 = 59048$$

수열 5, 7, 11, 17, 25, 35, …가 있습니다. 이 수열의 제15
항을 구하시오.

| 풀이 | 이 수열은 등차수열도 등비수열도 아니므로 공식으로 직접 구
할 수 없습니다. 그러나 이웃한 두 항의 차를 구하여 보면 이런
규칙성이 있습니다. 즉,

$$a_2 - a_1 = 2 = 2 \times 1$$
$$a_3 - a_2 = 4 = 2 \times 2$$
$$a_4 - a_3 = 6 = 2 \times 3$$
$$a_5 - a_4 = 8 = 2 \times 4$$
$$\vdots \quad \vdots \quad \vdots \quad \vdots$$
$$a_{15} - a_{14} = 28 = 2 \times 14 (\text{위의 4줄의 규칙성에 따른 것임})$$

위의 14개 등식의 좌우 양변을 각각 더하면 좌변에서 a_1과 a_{15}
를 제외하고 모두 지워집니다. 그러므로

$$a_{15} - a_1 = 2 \times (1 + 2 + 3 + 4 + \cdots + 14)$$
$$a_{15} - 5 = 2 \times \frac{(1 + 14) \times 14}{2} = 210$$
$$a_{15} = 210 + 5 = 215$$

즉, 제15항은 215입니다.

$$\frac{1}{1 \times 2} + \frac{1}{2 \times 3} + \frac{1}{3 \times 4} + \cdots + \frac{1}{99 \times 100} \text{ 을 구하시오.}$$

| 분석 | 위 식의 분수들을 살펴보면 분모는 이웃한 두 자연수의 곱과 같고,
각각의 분수는 이 두 자연수를 분모로 한 두 분수의 차로 표시할
수 있다는 것을 알 수 있습니다. 즉,

$$\frac{1}{1 \times 2} = \frac{1}{1} - \frac{1}{2} ; \frac{1}{2 \times 3} = \frac{1}{2} - \frac{1}{3} ; \frac{1}{3 \times 4} = \frac{1}{3} - \frac{1}{4} ;$$
$$\cdots ; \frac{1}{99 \times 100} = \frac{1}{99} - \frac{1}{100}$$

만일 위의 등식의 좌우 양변을 더하면 우변에서 첫 분수와 마지막
분수를 제외한 모든 항들이 지워집니다.

$$원식=\left(\frac{1}{1}-\frac{1}{2}\right)+\left(\frac{1}{2}-\frac{1}{3}\right)+\left(\frac{1}{3}-\frac{1}{4}\right)+\cdots$$
$$+\left(\frac{1}{98}-\frac{1}{99}\right)+\left(\frac{1}{99}-\frac{1}{100}\right)$$
$$=\frac{1}{1}-\frac{1}{2}+\frac{1}{2}-\frac{1}{3}+\frac{1}{3}-\frac{1}{4}+\cdots$$
$$+\frac{1}{98}-\frac{1}{99}+\frac{1}{99}-\frac{1}{100}$$
$$=1-\frac{1}{100}=\frac{99}{100}$$

예제 03

$$\frac{1}{1\times2\times3}+\frac{1}{2\times3\times4}+\cdots+\frac{1}{98\times99\times100}\text{을 구하시오.}$$

| 풀이 | 먼저 각각의 분수를 두 분수의 차로 변형시키면

$$\frac{1}{1\times2\times3}=\frac{1}{2}\left(\frac{1}{1\times2}-\frac{1}{2\times3}\right)$$
$$\frac{1}{2\times3\times4}=\frac{1}{2}\left(\frac{1}{2\times3}-\frac{1}{3\times4}\right)$$
$$\frac{1}{3\times4\times5}=\frac{1}{2}\left(\frac{1}{3\times4}-\frac{1}{4\times5}\right)$$
$$\cdots\cdots\cdots$$
$$\frac{1}{98\times99\times100}=\frac{1}{2}\left(\frac{1}{98\times99}-\frac{1}{99\times100}\right)$$

그러므로 위의 98개 등식을 더하면

$$원식=\frac{1}{2}\left(\frac{1}{1\times2}-\frac{1}{2\times3}\right)+\frac{1}{2}\left(\frac{1}{2\times3}-\frac{1}{3\times4}\right)$$
$$+\frac{1}{2}\left(\frac{1}{3\times4}-\frac{1}{4\times5}\right)$$
$$+\cdots+\frac{1}{2}\left(\frac{1}{98\times99}-\frac{1}{99\times100}\right)$$
$$=\frac{1}{2}\left(\frac{1}{1\times2}-\frac{1}{2\times3}+\frac{1}{2\times3}-\frac{1}{3\times4}+\frac{1}{3\times4}\right.$$
$$\left.-\frac{1}{4\times5}+\cdots+\frac{1}{98\times99}-\frac{1}{99\times100}\right)$$
$$=\frac{1}{2}\left(\frac{1}{1\times2}-\frac{1}{99\times100}\right)=\frac{4949}{19800}$$

위의 두 예제를 통해 어떤 규칙성을 찾을 수 있을까?

만일 $\dfrac{1}{1\times2\times3\times4}+\dfrac{1}{2\times3\times4\times5}+\cdots+\dfrac{1}{10\times11\times12\times13}$ 을 구하려면

어떻게 해야 할까?

예제 02에서 $\dfrac{1}{1\times2}$ 을 $\dfrac{1}{1}-\dfrac{1}{2}$ 로 변형시켰다면 일반적으로 $\dfrac{1}{n\times(n+1)}$ 을

$\dfrac{1}{n}-\dfrac{1}{n+1}$ 로 변형시킬 수 있습니다.

예제 03에서 $\dfrac{1}{1\times2\times3}$ 을 $\dfrac{1}{2}\left(\dfrac{1}{1\times2}-\dfrac{1}{2\times3}\right)$ 로 변형시켰는데 여기에서

괄호 밖에 $\dfrac{1}{2}$ 이 있다는 점에 유의해야 합니다.

일반적으로 $\dfrac{1}{n\times(n+1)\times(n+2)}$ 을

$\dfrac{1}{2}\left\{\dfrac{1}{n\times(n+1)}-\dfrac{1}{(n+1)\times(n+2)}\right\}$

로 변형시킬 수 있습니다.

예제 04

$S=1\times2+2\times3+3\times4+\cdots+9\times10$ 의 값을 구하시오.

| 풀이 | 위 식의 각각의 항을 변형시키면

$1\times2=\dfrac{1}{3}(1\times2\times3)$

$2\times3=\dfrac{1}{3}(2\times3\times4-1\times2\times3)$

$3\times4=\dfrac{1}{3}(3\times4\times5-2\times3\times4)$

......

$9\times10=\dfrac{1}{3}(9\times10\times11-8\times9\times10)$

위의 9개 항을 더하면

$1\times2+2\times3+3\times4+\cdots+9\times10$

$=\dfrac{1}{3}\times9\times10\times11=330$

일반적으로 $n(n+1)$을 다음과 같이 변형시킬 수 있습니다. 즉,

$$n(n+1) = \frac{1}{3}[n \times (n+1) \times (n+2) - (n-1) \times n \times (n+1)]$$

예제 05

$$1^2 + 2^2 + 3^2 + \cdots + 100^2 의 \ 값을 \ 구하시오.$$

| 풀이 | 위의 각각의 자연수의 제곱을 변형시키면

$$1^2 = 1 \times (2-1) = 1 \times 2 - 1$$
$$2^2 = 2 \times (3-1) = 2 \times 3 - 2$$
$$3^2 = 3 \times (4-1) = 3 \times 4 - 3$$
$$\cdots\cdots$$
$$100^2 = 100 \times (101-1) = 100 \times 101 - 100$$

위의 등식을 더하면

$$1^2 + 2^2 + 3^2 + \cdots + 100^2$$
$$= (1 \times 2 + 2 \times 3 + 3 \times 4 + \cdots + 100 \times 101)$$
$$\quad - (1 + 2 + 3 + \cdots + 100)$$

이리하여 100개 자연수 제곱의 합이 2개 수열의 합의 차로 표시되었습니다. 그런데 앞의 수열은 변형시켜서 그 합을 구할 수 있고, 뒤의 것은 등차수열의 합의 공식으로 그 합을 구할 수 있습니다. **예제 04**에서와 같이

$$1 \times 2 + 2 \times 3 + 3 \times 4 + \cdots + 100 \times 101$$
$$= \frac{1}{3} \times 100 \times 101 \times 102 = 343400$$

따라서 $1^2 + 2^2 + 3^2 + \cdots + 100^2$

$$= 343400 - 5050 = 338350$$

만일 n으로 임의의 한 자연수를 표시한다면 $2n$은 짝수, $2n-1$은 홀수를 표시합니다. 따라서

n개 자연수의 합은

$$1 + 2 + 3 + \cdots + n = \frac{1}{2}n(n+1)$$

n개 홀수의 합은

$$1 + 3 + 5 + \cdots + (2n-1) = n^2$$

n개 짝수의 합은
$$2+4+6+\cdots+(2n)=n(n+1)$$
n개 자연수 제곱의 합은
$$1^2+2^2+3^2+\cdots+n^2=\frac{1}{6}n(n+1)(2n+1)$$
즉, $1^2+2^2+3^2+\cdots+100^2$
$$=\frac{1}{6}\times100\times101\times201=338350$$

예제 06

$S=1\times3+2\times4+3\times5+\cdots+20\times22$의 값을 구하시오.

|풀이| 각각의 항을 변형시킨 다음 위의 공식을 이용하면
$$S=1\times(1+2)+2\times(2+2)+3\times(3+2)$$
$$+\cdots+20\times(20+2)$$
$$=(1^2+1\times2)+(2^2+2\times2)+(3^2+3\times2)$$
$$+\cdots+(20^2+20\times2)$$
$$=(1^2+2^2+3^2+\cdots\cdots+20^2)$$
$$+2\times(1+2+3+\cdots\cdots+20)$$
$$=\frac{20\times(20+1)\times(2\times20+1)}{6}+2\times\frac{20\times(1+20)}{2}$$
$$=2870+420=3290$$

예제 07

$S=\dfrac{1}{1}+\dfrac{1}{1+2}+\dfrac{1}{1+2+3}+\cdots\dfrac{1}{1+2+3+\cdots+100}$ 의 값을 구하시오.

|풀이| 등차수열의 합의 공식에 의해 각 분모의 합을 구하면
$$S=\frac{1}{1}+\frac{1}{\dfrac{2(1+2)}{2}}+\frac{1}{\dfrac{3(1+3)}{2}}+\cdots+\frac{1}{\dfrac{100\times(1+100)}{2}}$$
$$=\frac{2}{1\times2}+\frac{2}{2\times3}+\frac{2}{3\times4}+\cdots+\frac{2}{100\times101}$$

$$=2 \times \left(\frac{1}{1 \times 2} + \frac{1}{2 \times 3} + \frac{1}{3 \times 4} + \cdots + \frac{1}{100 \times 101} \right)$$
$$=2 \times \left(\frac{1}{1} - \frac{1}{2} + \frac{1}{2} - \frac{1}{3} + \frac{1}{3} - \frac{1}{4} + \cdots + \frac{1}{100} - \frac{1}{101} \right)$$
$$=2 \times \left(1 - \frac{1}{101} \right) = 1\frac{99}{101}$$

예제 08

수열 $\left(\frac{1}{1} \right)$, $\left(\frac{1}{2}, \frac{2}{2}, \frac{1}{2} \right)$, $\left(\frac{1}{3}, \frac{2}{3}, \frac{3}{3}, \frac{2}{3}, \frac{1}{3} \right)$,

$\left(\frac{1}{4}, \frac{2}{4}, \frac{3}{4}, \frac{4}{4}, \frac{3}{4}, \frac{2}{4}, \frac{1}{4} \right)$, …이 있습니다.

(1) $\frac{7}{10}$ 은 몇 번째 분수입니까?

(2) 제400번째 분수는 몇 분의 몇입니까?

| 풀이 | 위의 수열의 각 항은 수열을 이루고 있습니다. 이런 수열을 **군수열**이라고 부릅니다. 그 특징을 살펴보면, 각각의 군에 들어 있는 분수의 개수가 차례로 1, 3, 5, 7, …이라는 것과, 각각의 군에서 분수의 분모는 그 군수와 같고 몇 개의 분수는 가운데의 한 분수를 사이를 두고 대칭된다는 것을 알 수 있습니다.

(1) 1부터 9군까지의 분수의 개수는

$$1+3+5+\cdots+17=9^2=81(개)$$

그런데 $\frac{7}{10}$ 이 제 10군의 제 7번째와 제13번째에 위치하여

있으므로 $\frac{7}{10}$ 은 제88번째($81+7$)와 제94번째($81+13$)분수라고 할 수 있습니다.

(2) 앞의 약간개 분수의 개수는 앞의 약간개 홀수의 합과 같습니다. 그런데 n개 홀수의 합은 n^2, $400=20^2$, 즉

$$1+3+5+\cdots+39=20^2$$이므로 제400번째 분수는 제20군의 제일 마지막 분수 $\frac{1}{20}$ 입니다.

01 5개 연속되는 자연수의 합이 100입니다. 이 5개 자연수를 쓰시오.

02 4개 연속되는 자연수의 합이 162입니다. 이 네 수를 구하시오.

03 수 2, 4, 6, 8, 10, 12 …는 연속되는 짝수입니다. 만일 5개 연속되는 짝수의 합이 320이라면 이 5개 수 중에서 제일 작은 수는 몇입니까?

04 5개 연속되는 짝수가 있는데, 세 번째 수가 첫 번째 수와 다섯 번째 수의 합의 $\frac{1}{4}$보다 18이 더 큽니다. 이 5개 수를 구하시오.

05 자물쇠 10개와 거기에 들어맞는 열쇠가 10개 있는데, 어느 것이 같은 짝인지를 알 수 없습니다. 적어도 몇 번을 열어 보아야 자물쇠와 열쇠의 짝을 맞출 수 있습니까?

06 수열 $\dfrac{1}{3}$, $\dfrac{1}{2}$, $\dfrac{5}{9}$, $\dfrac{7}{12}$, $\dfrac{3}{5}$, $\dfrac{11}{18}$, …이 있습니다. 이 수열의 제100항은 몇분의 몇입니까?

07 $S=0.1+0.3+0.5+0.7+0.9+0.11+0.13+0.15+\cdots+0.99$의 값을 구하시오.

08 그림의 30칸에 수를 하나씩 써넣어야 하는데, 제1행과 제1열의 수는 이미 써넣었습니다. 나머지 칸에 써넣어야 할 수들은 각각 동일 행의 왼쪽의 첫 번째 수와 동일 열의 위쪽의 첫 번째 수의 합과 같습니다(예 $a=14+17=31$).
이 30개 수의 합을 구하시오.

10	11	13	15	17	19
12					
14				a	
16					
18					

09 $\dfrac{1}{2}+\left(\dfrac{1}{3}+\dfrac{2}{3}\right)+\left(\dfrac{1}{4}+\dfrac{2}{4}+\dfrac{3}{4}\right)+\left(\dfrac{1}{5}+\dfrac{2}{5}+\dfrac{3}{5}+\dfrac{4}{5}\right)+\cdots$
$+\left(\dfrac{1}{60}+\dfrac{2}{60}+\cdots+\dfrac{59}{60}\right)$의 값을 구하시오.

10 $\dfrac{1}{1\times3}+\dfrac{1}{3\times5}+\dfrac{1}{5\times7}+\cdots+\dfrac{1}{97\times99}$ 의 값을 구하시오.

11    $10^2+11^2+12^2+\cdots+20^2$의 값을 구하시오.

12    $1\times(1+3)+2\times(2+3)+3\times(3+3)+\cdots+10\times(10+3)$의 값을 구하시오.

13    $S=1+(1+2)+(1+2+3)+\cdots+(1+2+3+\cdots+50)$의 값을 구하시오.

14   수열 $\dfrac{1}{1}$, $\dfrac{1}{2}$, $\dfrac{2}{2}$, $\dfrac{1}{3}$, $\dfrac{2}{3}$, $\dfrac{3}{3}$, $\dfrac{1}{4}$, $\dfrac{2}{4}$, $\cdots$가 있습니다.

     (1) $\dfrac{13}{29}$ 은 제 몇 항입니까?

     (2) 제244항은 몇 분의 몇입니까?

18 숫자 수수께끼 (2)

숫자 수수께끼 문제에 대한 분석 판단 능력과 논리적 추리 능력을 높이기 위하여
이 장에서는 곱셈과 나눗셈 계산식에 관한 숫자 수수께끼 문제를 소개하기로 합니다.

1. 곱셈

예제 01

다음 계산식의 ☐ 안에 합당한 숫자를 써넣어 계산식이 성립되
게 하시오.

$$
\begin{array}{r}
\boxed{}\,1\,\boxed{} \\
\times\ 3\ \boxed{}\ 2 \\
\hline
\boxed{}\,3\,\boxed{} \\
3\,\boxed{}\,2\,\boxed{} \\
\boxed{}\,2\,\boxed{}\,5 \\
\hline
1\,\boxed{}\,8\,\boxed{}\,3\,0
\end{array}
$$

| 풀이 | 설명의 편리상 문자로 계산식의 숫자를 대체합니다.

A=☐1☐   D=3☐2☐
B=3☐2   E=☐2☐5
C=☐3☐   F=1☐8☐30

F의 마지막 자리 숫자가 0, C의 십의 자리 숫자가 3이라는 것
으로부터 A의 마지막 자리 숫자가 5, C의 마지막 자리 숫자가 0이
라는 것을 알 수 있습니다.

F의 십의 자리 숫자가 3이라는 것으로부터 D의 마지막 자리
숫자가 0이라는 것을 알 수 있습니다.

F의 첫 번째 자리 숫자가 1이라는 것으로부터 E의 첫 번째 자
리 숫자가 1이라는 것을 알 수 있습니다.

E가 3과 A의 곱이라는 것으로부터 E의 십의 자리 숫자는 4, A의 첫 번째 자리 숫자는 4라는 것을 알 수 있습니다.

따라서 C의 첫 번째 자리 숫자가 8, F의 백의 자리 숫자가 5, D의 백의 자리 숫자가 3, F의 만의 자리 숫자가 5라는 것을 알 수 있습니다.

나중에 $\boxed{4}\boxed{1}\boxed{5}\times\boxed{}=\boxed{3}\boxed{3}\boxed{2}\boxed{0}$ 으로부터 B의 십의 자리 숫자가 8이라는 것을 알 수 있습니다.

이렇게 하여 $\boxed{}$ 안에 써 넣어야 할 수들을 다 찾았습니다.

예제 02

다음의 계산식에서 a, b, c는 각각 어떤 숫자입니까?(a, b, c는 서로 다른 숫자임)

$$
\begin{array}{r}
a\ b\ c \\
\times\ b\ a\ c \\
\hline
*\ *\ *\ * \\
*\ *\ a \\
*\ *\ *\ b \\
\hline
*\ *\ *\ *\ *\ * \\
\end{array}
$$

| 풀이 | $\overline{abc}\times c=****$(네 자리 수)라는 것으로부터 $c\neq1$임을 알 수 있습니다.

$\overline{abc}\times a=**a$가 세 자리 수이므로 a는 커도 3을 초과하지 않습니다. 그런데 $c\times a$의 마지막 숫자가 a이므로 $a=2$, $c=6$임을 알 수 있습니다.

$\overline{abc}\times b=\overline{2b6}\times b=***b$에서, c와 b가 다른 수이므로 $b\neq6$임을 알 수 있고 $6\times b$의 마지막 자리 숫자가 b, $\overline{abc}\times b$ 가 네 자리 수이므로 $b=8$임을 알 수 있습니다.

검산을 거쳐 $a=2$, $b=8$, $c=6$이 요구에 맞는다는 것을 알 수 있습니다.

다음 계산식의 ☐ 안에 곱해지는 수와 곱하는 수를 써넣으시오.

$$
\begin{array}{r}
\boxed{}\boxed{}\boxed{} \\
\times\ \boxed{}\boxed{} \\
\hline
2\ 3\ 6\ 7 \\
1\ 5\ 7\ 8 \\
\hline
1\ 8\ 1\ 4\ 7 \\
\end{array}
$$

| 풀이 | 계산식에서 곱해지는 수 ☐☐☐ 이 1578과 2367의 공약수임을 알 수 있습니다. 따라서 공약수를 구하는 방법에 의해 곱해지는 수와 곱하는 수를 바로 찾을 수 있습니다.

아래 식에서 곱해지는 수는 $263 \times 3 = 789$(또는 263), 곱하는 수는 23(또는 69)임을 알 수 있습니다. 즉,

$$789 \times 23 \text{ 또는 } 263 \times 69$$

$$
\begin{array}{r}
3\,)\underline{1578\quad 2367} \\
263\,)\ \underline{\ 526\quad 789} \\
2\qquad 3 \\
\end{array}
$$

🔑 곱의 소인수분해(즉 $18147 = 3 \times 23 \times 263$)에 의해서도 263×69 또는 789×23임을 알 수 있습니다.

다음의 곱셈 계산식에서 A, B, C, D는 각각 한 숫자를 대표합니다. $\overline{\text{ABCD}}$는 어떤 네 자리 수입니까?

$$
\begin{array}{r}
A\,B\,C\,D \\
\times\ A\,B\,C\,D \\
\hline
*\ *\ *\ *\ * \\
*\ *\ *\ *\ * \\
*\ *\ *\ *\ * \\
*\ *\ *\ *\ * \\
\hline
*\ *\ *\ *\ A\,B\,C\,D \\
\end{array}
$$

| 풀이 | $\overline{ABCD} \times D$의 일의 자리 숫자가 D이므로 D는 $1, 5, 6$ 이 세 수 중의 어느 한 수만이 가능함을 알 수 있습니다. 그런데 $\overline{ABCD} \times D = *****$가 다섯 자리 수이므로 $D \neq 1$임을 알 수 있습니다.

만일 $D=5$라면 마지막 자리의 수가 5인 수의 제곱의 마지막 두 자리 수가 25이므로 C는 2일 수밖에 없습니다. 그런데 마지막 두 자리 수가 25인 수의 제곱의 마지막 세 자리 수가 625이므로 B는 6일 수밖에 없습니다. 또, 마지막 세 자리 수가 625인 수의 제곱의 마지막 네 자리 수가 0625이므로 A는 0일 수밖에 없습니다. 그러나 $A=0$은 조건에 맞지 않으므로 $D \neq 5$임을 알 수 있습니다.

만일 $D=6$이라면 다음의 왼쪽 식으로부터 $6C+3+6C=C+10N(N$은 자연수)임을 알 수 있습니다.

따라서 $11C+3=10N$으로부터 $C=7$임을 알 수 있습니다.

$$
\begin{array}{r}
C\ 6 \\
C\ 6 \\
*\ 6 \\
* \\
\hline
C\ 6
\end{array}
\qquad
\begin{array}{r}
B\ 7\ 6 \\
B\ 7\ 6 \\
*\ 5\ 6 \\
3\ 2 \\
* \\
\hline
B\ 7\ 6
\end{array}
\qquad
\begin{array}{r}
A\ 3\ 7\ 6 \\
A\ 3\ 7\ 6 \\
*\ 2\ 5\ 6 \\
6\ 3\ 2 \\
2\ 8 \\
* \\
\hline
A\ 3\ 7\ 6
\end{array}
$$

위의 중간 계산식으로부터 다음 식을 얻을 수 있습니다.

$$6B+4+3+6B=B+10N(N은 \ 자연수임)$$

위 식을 정리하면 $11B+7=10N$

이로부터 $B=3$임을 알 수 있습니다.

위의 오른쪽 식으로부터 다음 식을 얻을 수 있습니다. 즉,

$$6A+2+6+2+6A+1=A+10N, \ 11A+11=10N$$

따라서 $A=9$임을 알 수 있습니다.

그러므로 $\overline{ABCD}=9376$

다음 계산식에서 '짝' 자는 0, 2, 4, 6, 8 중의 한 수를, '홀' 자는
1, 3, 5, 7, 9 중의 한 수를 대표하고 있습니다. 각각 다른 자리
의 '홀' 자와 '짝' 자는 같은 수일 수도 있고 다른 수일 수도 있습
니다. 아래 계산식에서 '홀' 자와 '짝' 자가 어떤 수일 때 계산식
이 성립됩니까?

$$
\begin{array}{r}
\text{짝 짝 홀} \\
\times \quad \text{홀 홀} \\
\hline
\text{짝 홀 짝 홀} \\
\text{짝 홀 홀} \quad\; \\
\hline
\text{홀 홀 홀 홀 홀}
\end{array}
$$

| 분석 | 곱해지는 수 $\overline{\text{짝짝홀}}$과 계산식의 두번째 곱 $\overline{\text{짝홀홀}}$이 배열이 다르
므로 곱하는 수의 십의 자리 숫자 홀수는 1일 수 없습니다. 또, 두
번째 곱 $\overline{\text{짝홀홀}}$이 세 자리 수이므로 곱하는 수의 백의 자리의 짝
수는 2, 곱해지는 수의 십의 자리의 홀수는 3일 수밖에 없습니다.
설명의 편리상 a와 b로 각각 곱해지는 수의 십의 자리의 짝수와
일의 자리의 홀수를, c로 곱하는 수의 일의 자리의 홀수를 표시합
니다.
그러면 다음 식이 얻어집니다.

$$
\begin{array}{r}
2 \; a \; b \\
\times \quad 3 \; c \\
\hline
\text{짝 홀 짝 홀} \\
\text{짝 홀 홀} \quad\; \\
\hline
\text{홀 홀 홀 홀 홀}
\end{array}
$$

원래 a와 3의 곱의 일의 자릿수가 짝수이어야 하는데, 계산식에서
홀수로 나타난 것을 보면 b와 3의 곱에서 윗자리로 자리올림된 수
가 있을 뿐만 아니라, 자리올림된 수가 홀수임을 말해 줍니다. 그
러므로 b는 5일 수밖에 없습니다. 이리하여 다음의 계산식을 얻을
수 있습니다.

$$\begin{array}{r} 2\ a\ 5 \\ \times\quad 3\ c \\ \hline \text{짝 홀 짝 홀} \\ \text{짝 홀}\ 5 \\ \hline \text{홀 홀 홀 홀 홀} \end{array}$$

$\overline{2a5} \times c$의 곱이 네 자리 수 짝홀짝홀로 되어야 하므로 c는 9일 수밖에 없습니다. 또, a가 2, 4, 6이면 조건에 맞지 않으므로 a는 8일 수밖에 없습니다.

| 풀이 | 위의 분석을 통해 짝짝홀은 285, 홀홀은 39임을 알 수 있습니다. 따라서 계산식은 다음과 같이 쓸 수 있습니다.

$$\begin{array}{r} 2\ 8\ 5 \\ \times\quad 3\ 9 \\ \hline 2\ 5\ 6\ 5 \\ 8\ 5\ 5 \\ \hline 1\ 1\ 1\ 1\ 5 \end{array}$$

2. 나눗셈

예제 06

네 자리 수 $A = 6 \ast \ast 8$이 236으로 나누어떨어진다면 그 몫은 얼마입니까?

| 풀이 | $236 \times 9 = 2124 \neq 6 \ast \ast 8$이기 때문에 $6 \ast \ast 8 \div 236$의 몫은 반드시 두 자리 수라는 것을 알 수 있습니다.

그러므로 나눗셈 계산식으로 $6 \ast \ast 8 \div 236$을 표시하면 다음처럼 됩니다.

$$\begin{array}{r} \ast\ \ast\quad\ \\ 236\overline{)6\ \ast\ \ast\ 8} \\ \ast\ \ast\ \ast\quad\ \\ \hline \ast\ \ast\ \ast\ 8 \\ \ast\ \ast\ \ast\ 8 \\ \hline 0 \end{array}$$

236×3＝708로부터 몫의 첫 번째 자릿수가 2라는 것을 쉽게 알 수 있습니다. ＊＊＊8은 마지막 자릿수가 8인 네 자리 수이므로 몫의 일의 자릿수는 8일 수밖에 없습니다.

이리하여 6＊＊8을 236으로 나누면 그 몫이 28이라는 것을 알 수 있습니다.

아래 나눗셈 계산식의 ☐ 안에 알맞은 수를 써넣어 계산식이 성립되게 하시오.

| 풀이 | ☐☐×☐＝☐77이기 때문에 몫의 백의 자리 숫자는 3 또는 9일 수밖에 없습니다. 만일 몫의 백의 자리 숫자가 3이라면 나누는 수의 일의 자리 숫자는 9, 십의 자리 숫자는 5이어야 합니다. 그러나 59×7＝413이 ☐☐×7＝☐7☐ 일 수 없기 때문에 몫의 백의 자리 숫자는 9, 나누는 수의 일의 자리 숫자는 3, 십의 자리 숫자는 5일 수밖에 없습니다.

53×☐＝☐☐로부터 몫의 일의 자리 숫자가 1임을 알 수 있습니다. 나누는 수와 몫을 알았으므로 나머지 ☐ 안의 숫자들은 하나하나 써넣을 수 있습니다.

예제 08

아래 나눗셈 계산식에서 몫의 한 숫자 8만을 알고 나누는 수마저도 몇 자리 수인지 모릅니다. 이런 상황에서 나눠지는 수와 몫을 구할 수 있습니까?

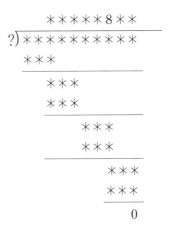

| 풀이 | 계산식을 관찰하는 가운데서 몫의 십의 자리, 천의 자리와 만의 자리, 백만의 자리의 숫자가 다 0임을 알 수 있습니다(무엇 때문인가는 스스로 생각해 봅니다).

?×8＝**이 두 자리 수라는 것으로부터 나누는 수의 최댓값이 12라는 것을 확정할 수 있습니다. 이와 동시에 몫에서 나누는 수와의 곱에 세 자리 수인 숫자는 9일 수밖에 없다는 것을 알 수 있습니다.

이것으로부터 나누는 수는 틀림없이 12, 몫은 90900809라고 단정할 수 있습니다.

나누는 수와 몫으로부터 나눠지는 수가 1090809708이라는 것을 바로 알 수 있습니다.

아래 나눗셈 계산식에서 ＊ 기호가 있는 곳에 알맞은 수를 써넣어 계산식이 성립되게 하시오.

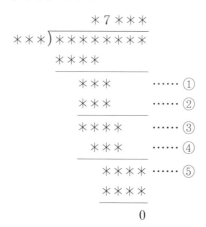

| 분석 | 계산식에서 숫자 7밖에 모르는데 나머지 숫자를 써넣으려면 어디서부터 시작해야 할까? 이럴 때에는 계산식에서 각 층 수의 자릿수를 돌파구로 삼아 몫의 숫자를 확정해야 합니다.

먼저 계산식의 맨 마지막 층의 자릿수로부터 몫의 십의 자리 숫자가 0임을 알 수 있습니다. 설명의 편리를 위해 ①②③④⑤로 계산식 각 층의 수를 표시합니다.

①－②＝＊＊＊, ③－④＝＊＊인데다가 ③＞①이므로 ④의 세 자리 수가 ②의 세 자리 수보다 크다는 것을 알 수 있습니다. 따라서 몫의 백의 자리 숫자가 7보다 크다는 것을 알 수 있습니다. 또, 나누는 수와 몫의 첫 번째 자리 · 마지막 자리 숫자의 곱이 모두 네 자리 수라는 것으로부터 몫의 첫 번째 자리와 마지막 자리의 숫자가 반드시 몫의 백의 자리 숫자보다 크다는 것을 알 수 있습니다. 이는 몫의 백의 자리 숫자가 8, 몫의 첫 번째 자리와 마지막 자리 숫자가 모두 9라는 것을 나타냅니다. 이로써 몫이 97809라는 것을 알 수 있습니다. 나누는 수 ＊＊＊과 8의 곱이 999를 초과할 수 없기 때문에 나누는 수는 124보다 클 수 없습니다. 또, ⑤의 앞 두 자리 수가 11보다 클 수 없는데다가 ③이 1000보다 크기 때문에 ④는 988보다 큽니다. 그런데 123×8＝984이기 때문에 나누는 수는 반드시 123보다 크다고 할 수 있습니다. 그러므로 나누는 수는 124일 수밖에 없습니다.

| 풀이 | 위의 분석을 통해 나눠지는 수는 97809×124＝12128316임을 알 수 있습니다. 나눠지는 수·나누는 수와 몫을 알았으므로 나머지 ＊ 기호가 있는 곳에 합당한 수를 쉽게 써넣을 수 있습니다.

예제 10

다음의 나눗셈 계산식에서 □ 안에 알맞은 수를 써넣어 계산식이 성립되게 함과 동시에 몫이 최대로 되게 하시오.

$$\begin{array}{r} \square\,8\,\square \\ \square\square\square\,)\overline{\square\square\square\square\square} \\ \square\square\square \\ \hline \square\square\square \\ \square\square\square \\ \hline \square\square\square\square \\ \square\square\square\square \\ \hline 0 \end{array}$$

| 분석 | 먼저 나누는 수 □□□를 x라 하면 8×□□□＝□□□로부터 $8x<900$, 즉 $x<112.5$임을 알 수 있습니다. 마찬가지 이치로 몫의 일의 자리 숫자는 9, 백의 자리 숫자는 8임을 알 수 있습니다. 이리하여 몫은 889로 됩니다. 또, $9x>999$이기 때문에 $x>111$임을 알 수 있습니다. x가 세 자리 정수인 까닭에 부등식 $x<112.5$와 $x>111$을 종합하면 $x=112$라는 것을 알 수 있습니다.

| 풀이 | 위의 분석을 통해 나눠지는 수＝889×112＝99568이라는 것을 알 수 있으므로 □ 안의 숫자들을 하나하나 써넣을 수 있습니다.

몫이 최대로 되려면 몫의 백의 자리 숫자가 가능한 범위 내에서 최대로 되어야 합니다. 그런데 몫의 백의 자리 숫자의 가능한 범위가 1, 2, 3, 4, 5, 6, 7, 8이므로 몫이 최대로 되려면 백의 자리 숫자로 8을 취해야 합니다.

연습문제 18

01 다음 문제들의 □ 안에 알맞은 수를 써넣어 계산식이 성립되게 하시오.

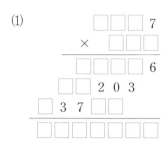

(1)
```
      □□□ 7
   ×    □□□
     □□□□ 6
    □□ 2 0 3
  □  3 7 □□
  □□□□□□□
```

(2)
```
         □□□
  □ 6 )□□□□ 6
        □□
        □□
      6 □ 6
        □□□
        □□□□
              0
```

02 다음 문제들에서 각각의 알파벳은 각각 다른 수를 대표합니다. 알파벳이 대표하는 수를 찾아내어 계산식이 성립되게 하시오.

(1)
```
      A B C
    × A C D
    ─────────
      E A D
    C E F
  A B C
  ───────────
  A E E G D
```

(2)
```
            G A D
  F G )A B C D E
        A C G
        ───────
        H H D
          I A
        ───────
          A J E
          A J E
          ───────
                0
```

03 다음 계산식의 ☐ 안에 2, 3, 5, 7 중의 어느 수를 써넣어 계산식이 성립
되게 하시오.

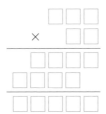

04 다음 계산식의 ☐ 안에 알맞은 수를 써넣어 계산식이 성립되게 하시오.

(1)
```
    2 ☐ ☐
  ×   ☐ ☐
  ───────
  ☐ ☐ 6 ☐
  2 ☐ ☐
  ───────
  ☐ ☐ ☐ 7
```

(2)
```
  ☐ 2 ☐ ☐
  ×   ☐ 6
  ───────
  ☐ ☐ 0 4
  ☐ ☐ 7 0
  ───────
  ☐ ☐ ☐ 0 4
```

(3)
```
      6 ☐
  ×  ☐ ☐ ☐
  ───────
      ☐ ☐
      ☐ ☐
    ☐ ☐
  ───────
  ☐ ☐ ☐ 6
```

(4)
```
      6 ☐ ☐
  ×  ☐ ☐ ☐
  ───────
      ☐ ☐ ☐
    ☐ ☐ ☐
  ☐ 5 ☐ 5
  ───────
  ☐ ☐ 5 ☐ 4 ☐
```

05 다음 계산식의 글자는 각각 다른 숫자를 대표하고 있습니다. 이 글자들이 대표하는 숫자를 찾아내어 계산식이 성립되게 하시오.

$$
\begin{array}{r}
수학의지혜 \\
\times \ 수학의지혜 \\
\hline
\times\times\times\times\times\times \\
\times\times\times\times\times\times \\
\times\times\times\times\times\times \\
\times\times\times\times\times\times \\
\hline
\times\times\times\times\times수학의지혜
\end{array}
$$

06 다음 계산식의 글자는 각각 다른 숫자를 대표합니다. 이 숫자들을 찾아내시오.

(1)
$$
\begin{array}{r}
올림픽수학대회 9 \\
\times \qquad\qquad 9 \\
\hline
올올올올올올올올올
\end{array}
$$

(2)
$$
\begin{array}{r}
길의공성 \\
\times \qquad 성 \\
\hline
성공의길
\end{array}
$$

07 어떤 네 자리 수가 있는데, 어떤 일의 자릿수로 나누니 (1)식이 얻어졌고, 다른 어떤 일의 자릿수로 나누니 (2)식이 얻어졌습니다. 이 네 자리 수를 구하시오.

(1)
$$
\begin{array}{r}
\times\times\times \\
\times\,)\,\overline{\times\times\times\times} \\
\times \\
\hline
\times\times \\
\times \\
\hline
\times\times \\
\times\times \\
\hline
0
\end{array}
$$

(2)
$$
\begin{array}{r}
\times\times\times \\
\times\,)\,\overline{\times\times\times\times} \\
\times\times \\
\hline
\times\times \\
\times\times \\
\hline
0
\end{array}
$$

08 ☐ 안에 알맞은 수를 써넣어 계산식이 성립되게 하시오.

(1)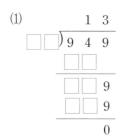

(2)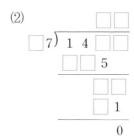

(3)
```
        1 ☐
    ☐☐)1 ☐ 2
      1 ☐
        3 ☐
        ☐☐
          0
```

(4)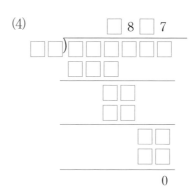

19 포함과 배제

1. 포함과 배제의 응용

예문 1 아버지와 아들의 관계에 있는 사람이 2쌍 있는데, 복숭아 3개를 정수개로 남김없이 나누려고 합니다. 나눌 수 있습니까?

이렇게 물으면 어떤 학생은 간단히 주먹구구식으로 복숭아 3개를 사람 네명이 어떻게 정수개로 나누는가 하면서 머리를 저을 것입니다. 그러나 똑똑한 학생은 될 수 있다고 대답할 것입니다. 왜냐하면 아버지는 할아 버지의 아들이자 손자의 아버지이기 때문입니다.
다시 말해서 사람이 4명인 것이 아니라 3명이라는 것입니다.

예문 2 12와 18의 같지 않은 약수는 모두 몇 개입니까?

두 수의 약수가 각각 6개이므로 약수의 개수가 모두 6+6=12개라고 생 각할 수 있습니다. 그러나 아래 그림에서 12와 18의 공약수가 4개이므로 같지 않은 약수의 개수는 모두 6+6-4=8(개)라는 것을 알 수 있습니다.

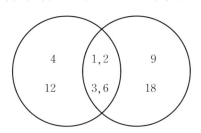

위의 두 예로부터 포함이란 무엇이고 배제란 또 무엇인가를 대략 알았을 것 입니다. 위의 예에서 1, 2, 3, 6이 12와 18의 공약수라 하는 것은 다른 약수들 을 배제하고 하는 말입니다.

그러면 거듭되는 부분이 있는 계수 문제 또는 겹치는 부분이 있는 넓이 문제를 계 산할 때 일반적으로 어떤 계산 규칙에 따 라야 할까? 설명의 편리상 다음 그림에서 와 같이 A, B 두 개 원으로 된 두꺼운 종 이를 부분적으로 겹쳐 책상 위를 덮고,

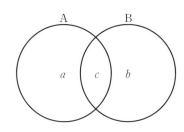

A에 의하여 가려진 부분의 넓이를 a, B에 의하여 가려진 넓이를 b, A와 B가 공통으로 가린 부분의 넓이를 c로 표시합니다. 그러면 다음과 같은 관계가 성립됩니다.

- A와 B가 가린 부분의 넓이

  =A원의 넓이+B원의 넓이−A와 B가 공통으로 가린 부분의 넓이

  $=(a+c)+(b+c)-c=a+b+c$

- A와 B가 공통으로 가린 부분의 넓이

  =A원의 넓이+B원의 넓이−A와 B가 가린 부분의 넓이

  $=(a+c)+(b+c)-(a+b+c)=c$

- A원으로만 가린 부분의 넓이

  =A원의 넓이−A와 B가 공통으로 가린 부분의 넓이

  $=(a+c)-c=a$

(1) 위의 넓이 문제를 계수 문제로 고쳐도 여전히 적용됩니다.

(2) 만일 두 개 이상의 원이 겹쳐서 책상을 덮었을 경우라면 위의 방법에 따라 추리해 낼 수 있습니다.

위에서 서술한 것이 바로 포함과 배제의 원리입니다. 간단히 포제의 원리라고도 합니다. 이런 방법은 원소를 취하거나 계수 문제이거나 넓이를 구하는 문제에 많이 이용됩니다. 포함과 배제의 계산 방법을 정확히 사용한다면 비교적 복잡한 논리 계산 문제와 계수 문제를 간단히 풀 수 있습니다.

예제 01

한 변의 길이가 각각 2cm와 3cm인 정사각형 종이를 다음 그림에 표시한 것처럼 일부분이 겹쳐지게 책상 위에 놓았습니다. 두 정사각형 종이가 가린 부분의 넓이를 구하시오.

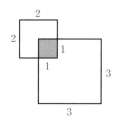

| 풀이 | 포함과 배제의 일반적인 계산 방법에 의하면 두 정사각형 종이
가 가린 부분의 넓이는

$$2^2+3^2-1^2=12(\text{cm}^2)$$

예제 02

20 이내에 자연수 중 2 또는 3으로 나누어떨어지는 자연수는
몇 개입니까?

| 분석 | 다음 그림에서와 같이 20 이내에서 2로 나누어떨어지는 자연수를
A원 안에 써넣고 3으로 나누어떨어지는 자연수를 B원 안에 써넣
으면 3개 수가 A와 B 두 원의 공통 부분에 있게 됨을 볼 수 있습
니다.

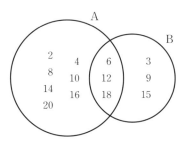

| 풀이 | 그림에서 20 이내에 2로 나누어떨어지는 자연수는 10개, 3으
로 나누어떨어지는 자연수는 6개, 2로도 나누어떨어지고 3으로
도 나누어떨어지는 자연수는 3개임을 알 수 있습니다. 그러므
로 20 이내 자연수 중 2 또는 3으로 나누어떨어지는 자연수는

$$(10+6)-3=13(\text{개})$$

예제 03

50 이내 자연수 중 5로도 나누어떨어지지 않고 7로도 나누어떨
어지지 않는 자연수는 몇 개입니까?

| 분석 | 50 이내 자연수 중에서 5 또는 7로 나누어떨어지는 수의 개수를 배
제하면 구하려는 수가 얻어집니다. 분석하기 쉽도록 50개 자연수
를 직사각형 안에 넣는다고 생각하고 그 중 5로 나누어떨어지는

자연수는 A원, 7로 나누어떨어지는 자연수는 B원 안에 넣습니다. 그런데 35는 5로도 나누어떨어지고 7로도 나누어떨어지므로 두 원의 공통 부분에 써넣어야 합니다. 이렇게 되면 아래 그림에서와 같이 직사각형 안에 있으면서 두 원의 바깥에 있는 수의 개수를 구하는 것이 문제의 핵심이 됩니다.

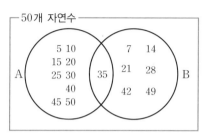

| 풀이 | 50 이내 자연수 중 5 또는 7로 나누어떨어지는 자연수의 개수는

$$(10+7)-1=16(개)$$

이렇게 되면 50 이내 자연수 중 5로도 나누어떨어지지 않고 7로도 나누어떨어지지 않는 자연수의 개수는

$$50-16=34(개)$$

🔑 이 문제에서 그림에 5로 나누어떨어지는 수와 7로 나누어떨어지는 수들을 일일이 다 써넣지 않고 그 개수를 써넣어도 됩니다.

예제 04

어느 학급에 45명의 학생이 있는데, 기말 시험에서 국어 성적이 100점인 학생이 15명, 수학 성적이 100점인 학생이 18명, 두 과목 중 어떤 과목도 100점을 받지 못한 학생이 20명입니다. 두 과목에서 모두 100점을 받은 학생은 몇 명입니까?

| 분석 | 직사각형 하나를 그려서 그것으로 학급 학생수 45명을 대표하게 하고, 직사각형 안에 교차하는 원 두 개를 그려서 각각 국어와 수학 성적이 100점인 학생수를 대표하게 합니다. 이렇게 되면 두 과목 중 어떤 과목도 100점을 받지 못한 학생은 어두운 부분으로 표시할 수 있습니다.

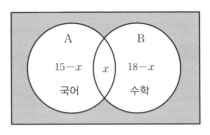

| 풀이 | 그림에서와 같이 두 과목에서 모두 100점을 받은 학생수를 x명이라 하면 국어 한 과목에서만 100점을 받은 학생수는 $(15-x)$명, 수학 한 과목에서만 100점을 받은 학생수는 $(18-x)$명입니다.

그림에서 볼 수 있는 바와 같이 이 학급의 학생수는 4개 부분의 합과 같습니다. 즉,

$$(15-x)+x+(18-x)+20=45$$

위 방정식을 풀면 $x=8$(명)

따라서 두 과목에서 모두 100점을 받은 학생은 8명입니다.

다음은 좀 복잡한 넓이 계산 문제와 계수 문제를 풀어 봅시다.

예제 05

다음 그림에서와 같이 책상 위에 크기가 똑같은 원형 종이가 3개 겹쳐져 놓여 있습니다. 만일 한 원의 넓이가 20cm^2, 3개 종이가 가린 부분의 총 넓이가 32cm^2, 3개 종이가 공통으로 가린 부분의 넓이가 8cm^{2}라면 다만 2개 원으로만 가려진 넓이의 합은 얼마입니까?

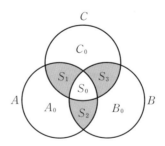

| 풀이 | 그림에서 3개 원의 넓이를 각각 A, B, C로, 3개 원에서 겹쳐지지 않는 부분의 넓이를 각각 A_0, B_0, C_0으로, 2개 원으로만 가려진 부분의 넓이를 각각 S_1, S_2, S_3으로, 3개 종이가 공통으로 가린 부분의 넓이를 S_0이라 하면 조건에 의하여 다음 등식이 얻어집니다.

$$A_0+S_1+S_2+S_0=A=20 \qquad \cdots\cdots ①$$
$$B_0+S_2+S_3+S_0=B=20 \qquad \cdots\cdots ②$$
$$C_0+S_3+S_1+S_0=C=20 \qquad \cdots\cdots ③$$
$$A_0+B_0+C_0+S_1+S_2+S_3+S_0=32 \quad \cdots\cdots ④$$
$$S_0=8 \qquad \cdots\cdots ⑤$$

①, ②, ③ 세 식의 양변을 더하면

$$A_0+B_0+C_0+S_1+S_2+S_2+S_3+S_3+S_1+S_0$$
$$+S_0+S_0=20+20+20$$

즉, $(A_0+B_0+C_0+S_1+S_2+S_3+S_0)+(S_1+S_2+S_3)$
$$+S_0+S_0=60$$

④식과 ⑤식의 결과를 위 식에 대입하면

$$32+(S_1+S_2+S_3)+8+8=60$$

그러므로 $S_1+S_2+S_3=12(\text{cm}^2)$

그림을 관찰하면 3개 원의 넓이를 더할 때(즉 ①, ②, ③의 양변을 더할 때) 2개 원의 겹친 부분(A와 B의 겹친 부분은 S_2+S_0, B와 C의 겹친 부분은 S_3+S_0, C와 A의 겹친 부분은 S_1+S_0)이 거듭 들어갔다는 것을 알 수 있습니다.

따라서 다음의 공식을 얻을 수 있습니다.

3개 원이 가린 부분의 넓이＝3개 원의 넓이－2개 원으로만 가려진 넓이의 합＋3개 원이 공통으로 가린 넓이 다음 그림에서 A, B, C 3개 원의 넓이는 각각 9, 10, 11cm², A와 B, B와 C, C와 A의 2개 원의 공통 부분의 넓이는 각각 3, 4, 5cm², A, B, C 3개 원이 가린 총 넓이는 20cm²입니다. A, B, C 3개 원의 공통 부분의 넓이는 얼마입니까?

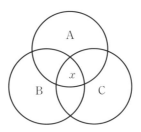

| 풀이 | A, B, C 3개 원의 공통 부분의 넓이를 $x(\text{cm}^2)$라 하면 앞의 공식에 의하여 다음 방정식이 얻어집니다. 즉,

$$(9+10+11)-(3+4+5)+x=20$$

이것을 풀면 $x=2$

A, B, C 3개 원의 공통 부분의 넓이는 2cm²입니다.

어느 학교 학생들 전부가 특별 활동반에 참가하고 있습니다. 통계에 따르면 문학반에 29명, 수학반에 30명, 물리반에 31명이 참가하고 있는데, 그 중에서 문학반과 수학반 두 가지 활동에만 참가한 학생이 8명, 수학반과 물리반 두 가지 활동에만 참가한 학생이 9명, 물리반과 문학반 두 가지 활동에만 참가한 학생이 10명, 세 가지 반에 모두 참가한 학생이 11명입니다. 이 학급의 학생수는 몇 명입니까?

| 분석 | 포함과 배제의 원리에 근거하여 둘씩 교차하는 원을 3개 그려서 세 가지 활동에 참가한 인원수를 표시합니다. 이렇게 하면 3개 원이 7개 부분으로 나뉘어지는데, 겹치지 않은 부분은 한 가지 활동에 참가한 인원수를, 두 번 겹쳐진 부분은 두 가지 활동에 참가한 인원수를, 세 번 겹쳐진 부분은 세 가지 활동에 모두 참가한 인원

수를 대표합니다. 그래서 각 부분의 인원수를 써넣은 다음 7개 부분의 인원수를 더하면 곧 이 학급의 학생수가 됩니다.

| 풀이 | 3개 절차로 나누어 그림에 인원수를 써넣읍시다.

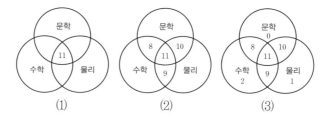

(1) 먼저 3개 원의 공통 부분에 세 가지 활동에 모두 참가한 학생 11명을 써넣습니다. (그림 (1))

(2) 다음 각 2개 원의 공통 부분에 각각 두 가지 활동에 참가한 학생 8, 9, 10명을 써넣습니다. (그림 (2))

(3) 이제 남은 부분은 한 가지 활동에 참가한 인원수를 대표합니다. 이 인원수는 원이 대표하는 인원수에 이미 써넣은 3개 부분의 인원수를 뺀 차와 같습니다.

즉, $29-(11+8+10)=0$(명)

$30-(11+8+9)=2$(명)

$31-(11+9+10)=1$(명)

따라서 3개 원의 겹치지 않은 부분에 각각 0, 2, 1명을 써넣습니다. (그림 (3))

이리하여 7개 부분의 인원수의 합은

$0+2+1+8+9+10+11=41$(명)

그러므로 이 학급의 학생수는 모두 41명입니다.

01 원형 종이의 넓이는 $10cm^2$, 정사각형 종이의 넓이는 $16cm^2$입니다. 이 두 장의 종이를 일부분을 겹쳐서 책상 위에 놓았더니 가려진 넓이가 $18cm^2$였습니다. 이 두 장의 종이가 겹쳐진 부분이 넓이는 얼마입니까?

02 100을 초과하지 않는 자연수 중에서 4의 배수 또는 7의 배수로 되는 수의 개수를 구하시오.

03 어느 학교에서 50명이 달리기 시합을 하였는데 그 중 100m 달리기에 참가한 학생이 18명, 200m 달리기에 참가한 학생이 15명, 100m 달리기와 200m 달리기 두 가지 종목에 모두 참가한 학생이 6명입니다. 100m달리기와 200m 달리기에 참가하지 않고 다른 달리기 종목에 참가한 학생은 몇 명입니까?

04 어느 중학교에서 수학, 물리, 화학 경시 대회를 하였는데, 참가 상황은 다음과 같습니다.

> 1과목 경시 대회에 참가한 인원수 : 수학 420명, 물리 370명, 화학 320명
>
> 2과목 경시 대회에 참가한 인원수 : 수학과 물리 170명, 물리와 화학 150명, 화학과 수학 200명
>
> 3과목 경시 대회에 참가한 인원수 : 60명

경시 대회에 참가한 학생은 모두 몇 명입니까?

05 300 이내의 자연수 중 2, 3, 5로 모두 나누어떨어지지 않는 수는 몇 개입니까?

06 어느 학교에서 체육 대회를 열었는데 모두 180명이 참가하였습니다. 참가 상황은 다음과 같습니다.

> 한 가지 종목에 참가한 학생수 : 축구 150명, 배구 100명, 농구 50명
> 두 가지 종목에 참가한 학생수 : 축구와 배구 70명, 배구와 농구 30명,
> 농구와 축구 40명

그러면 세 가지 종목에 참가한 학생은 모두 몇 명입니까?

07 어느 학급 남학생 26명 중 농구를 즐기는 학생이 13명, 배구를 즐기는 학생이 12명, 축구를 즐기는 학생이 9명입니다. 그런데 그 중 농구와 축구를 모두 즐기는 학생이 2명, 축구와 배구를 모두 즐기는 학생이 2명, 세 가지를 모두 즐기는 학생이 1명, 세 가지를 모두 즐기지 않는 학생이 1명입니다. 농구와 배구를 즐기는 학생은 몇 명입니까?

20 나누어떨어짐 (2)

1. 나누어떨어짐의 응용

초급-상권의 제4장에서 나누어떨어짐에 관한 일부 지식을 배운 기초 위에서 이 장에서는 주로 좀 복잡한 응용 문제를 푸는 방법을 배우기로 합시다.

예제 01

한 분수가 있는데, $\frac{54}{175}$로 나누거나 $\frac{55}{36}$를 곱하면 자연수가 됩니다. 이 분수의 최솟값은 얼마입니까?

| 풀이 |

만일 이 분수를 $\frac{m}{n}$이라고 가정한다면 조건에 의하여

$$\frac{m}{n} \div \frac{54}{175} = \frac{m}{n} \times \frac{175}{54}$$와 $\frac{m}{n} \times \frac{55}{36}$가 자연수임을 알 수

있습니다. 그런데, $\frac{m}{n}$이 최소로 되려면 분자가 되도록 작아야 하고 분모가 되도록 커야 합니다. 그러므로, m은 54와 36의 최소공배수로, n은 55와 175의 최대공약수로 되어야 합니다.

따라서 54와 36의 최소공배수 108, 55와 175의 최대공약수 5를 쉽게 구할 수 있습니다.

즉, $m=108$, $n=5$, 그러므로 이 분수의 최솟값은

$\frac{108}{5} = 21\frac{3}{5}$입니다.

예제 02

어느 서점에 여러 권으로 된 〈세계 동화 전집〉이 476권 들어왔는데 한 질씩 팔게 되어 있습니다. 첫 날에 322권, 이튿날에 105권 팔았다면 지금 이 서점에는 몇 질 남아 있습니까?

| 풀이 | 책이 몇 권 남아 있는가는 쉽게 구할 수 있으므로, 한 질에 책이 몇 권씩 들어 있는가를 알기만 하면 문제가 쉽게 풀리게 됩니다. 한 질에 책이 한 권씩 들어 있을 수 없고 또 한 질씩 판다고 하므로 각 질의 권 수는 반드시 476, 322, 105의 공약수입니다. 그런데 이 세 수의 1이 아닌 공약수가 7뿐이므로 남아 있는 책은 $(476-322-105) \div 7 = 7$(질)

이 서점에는 〈세계 동화 전집〉이 아직 7질 남아 있습니다.

예제 03

1, 2, 3, …30을 왼쪽으로부터 오른쪽으로의 순서로 나열하니 51자리 수가 얻어졌습니다. 이 수를 11로 나누면 나머지가 몇 입니까?

| 풀이 | 이 수의 홀수 자리 수는 1, 3, 5, 7, 9, 0, 1, 2, 3, … 9, 0, 1, 2, 3, … 9, 0입니다. 그러므로 홀수 자리 수의 합은 $1+3+5+7+9+(1+2+3+ \cdots +9) \times 2 = 115$,

짝수 자리 수의 합은 $2+4+6+8+1 \times 10+2 \times 10+3 = 53$

입니다. 그런데 $(115-53) \div 11 = 5$(나머지 7)이므로 이 수를 11로 나누면 나머지가 7입니다.

어떤 자연수의 홀수 자리와 짝수 자리 각 수의 합의 차(큰 수에서 작은 수를 뺌)가 만일 11로 나누어떨어지면 이 수는 11로 나누어떨어지게 되고, 그 차가 만일 11로 나누어떨어지지 않으면 이 수는 11로 나누어떨어지지 않습니다. 이 때, 홀수 자리 각 수의 합에서 짝수 자리 각 수의 합을 뺀 차를 11로 나누어서 얻어진 나머지가 곧 이 수를 11로 나누었을 때 얻어지는 나머지입니다. 만일 홀수 자리 각 수의 합이 짝수 자리 각 수의 합보다 작다면 11의 배수를 더해 준 다음 빼고 11로 나누면 됩니다.

예 9192939495의 홀수 자리 각 수의 합은

$1+2+3+4+5 = 15$, 짝수 자리 각 수의 합은 $9 \times 5 = 45$

인데 $15 < 45$, $(15+11 \times 3-45) \div 11 = 0$(나머지 3)이

므로 9192939495를 11로 나누면 나머지가 3입니다.

여섯 자리 수 $\overline{x1989y}$가 33으로 나누어떨어진다면 이를 만족시키는 모든 여섯 자리 수를 쓰시오.

| 풀이 | $33=3\times11$이고 3과 11이 서로소이므로 이 여섯 자리 수는 3과 11로 나누어집니다. $x+y$가 3의 배수일 때 이 여섯 자리 수가 3으로 나누어떨어지고 $(x+9+9)-(1+8+y)$ $=9+x-y$가 11의 배수일 때 이 여섯 자리 수가 11로 나누어떨어집니다.

그런데 $x\neq0$이므로 $9+x-y>1$이고 또 y는 최소로 0을, x는 최대로 9를 취할 수 있으므로 $9+x-y$는 18을 초과할 수 없습니다. 이리하여 $9+x-y=11$, 즉

$x-y=2$, $x=y+2$입니다. $x+y$가 3의 배수이므로

$y+2+y=2(y+1)$도 3의 배수입니다.

그러므로 y는 2 또는 5, x는 4 또는 7입니다. 따라서 구하려는 여섯 자리 수는 419892 또는 719895임을 알 수 있습니다.

세 자리 수 $\overline{abc}$가 37로 나누어떨어지게 된다면 $\overline{cab}$도 37로 나누어떨어질 수 있습니다. 그 이유를 설명하시오.

| 풀이 | $\overline{abc}=100\times a+10\times b+c$, $\overline{cab}=100\times c+10\times a+b$이므로

$$\begin{aligned}\overline{cab}\times10&=1000\times c+100\times a+10\times b\\&=(100\times a+10\times b+c)+999\times c\\&=\overline{abc}+999\times c\end{aligned}$$

$999\div37=27$이므로 $999\times c$도 37로 나누어떨어질 수 있습니다. 그런데 $\overline{abc}$가 37로 나누어떨어지므로 $\overline{abc}+999\times c$도 37로 나누어떨어지게 됩니다. 즉 $\overline{cab}\times10$도 37로 나누어떨어지게 됩니다. 그런데 10과 37이 서로소이므로 $\overline{cab}$는 37로 나누어떨어집니다.

예제 06

다음 그림은 한 변의 길이가 1cm인 정사각형으로 이루어진 도형입니다. 크기가 1990cm ×1991cm인 직사각형에서 이런 도형을 나머지가 없이 만들 수 있습니까?

| 풀이 | 이런 도형 2개로 크기가 3×2인 직사각형을 구성할 수 있습니다. 그런데 1990과 1991이 3의 배수가 아니므로 크기가 1990×1991인 직사각형에서 위의 도형을 나머지가 없이 만들 수는 없습니다.

2. 나머지가 같은 성질

자연수로 나누어서 얻어지는 몫이 얼마인가는 상관하지 않고 그 나머지에만 신경을 쓸 때가 있습니다. 예를 들어 2004년 1월의 달력을 보면 4, 11, 18, 25일이 일요일임을 알 수 있습니다. 이것은 1주일이 7일이고, 4, 11, 18, 25를 각각 7로 나누면 나머지가 모두 4이기 때문입니다. 이런 경우 4, 11, 18, 25는 7에 대하여 나머지가 같다고 합니다.

일반적으로, 정수 a, b를 자연수 n으로 나누어서 얻은 나머지가 같다면 a, b가 n에 대하여 나머지가 같다라고 말합니다.

나머지가 같은 것의 성질

① 만일 a, b가 n에 대하여 나머지가 같다면 a와 b의 차는 n으로 나누어떨어집니다. 반대로, 만일 a와 b의 차가 n으로 나누어떨어진다면 a와 b는 n에 대하여 나머지가 같습니다.

   예 12, 26이 7에 대하여 나머지가 같으므로 26－12＝14는 7로 나누어 떨어집니다.

② 만일 a, b가 n에 대하여 나머지가 같고 b, c가 n에 대하여 나머지가 같으면 a, c는 n에 대하여 나머지가 같습니다.

③ 만일 a, b가 n에 대하여 나머지가 같고 c, d가 n에 대하여 나머지가 같으면 $(a+c)$와 $(b+d)$, $(a-c)$와 $(b-d)$, (ac)와 (bd)는 각각 n에 대하여 나머지가 같습니다.

주 위에서 차를 구할 때 $a \geq c$, $b \geq d$라고 가정해도 무방합니다.

예컨대 44, 30이 7에 대해 나머지가 같고 10, 17이 7에 대해 나머지가 같다면, $(44+10)$과 $(30+17)$ 즉 54와 47은 7에 대해 나머지가 같고, $(44-10)$과 $(30-17)$ 즉 34와 13은 7에 대해 나머지가 같고, (44×10)과 (30×17) 즉 440과 510은 7에 대하여 나머지가 같습니다.

성질 ③은 두 수의 합, 차, 곱을 어떤 자연수로 나누어서 얻은 나머지가 이 두 수를 각각 어떤 수로 나누어서 얻은 나머지의 합, 차, 곱의 나머지와 같다는 것을 설명합니다.

예제 07

71427×19를 7로 나누면 나머지가 얼마입니까?

│ 분석 │ 먼저 곱셈 값을 구한 다음 7로 나누어도 나머지를 구할 수 있습니다. 그러나 나머지가 같은 성질 ③을 이용한다면 계산이 간단해집니다. 71427을 7로 나누면 나머지가 6, 19를 7로 나누면 나머지가 5, 즉 71427과 6이 7에 대해 나머지가 같고
19와 5가 7에 대하여 나머지가 같기 때문에 71427×19와 6×5는 7에 대해 나머지가 같습니다.
그러므로 6×5를 7로 나누어서 얻어지는 나머지가 곧 구하려는 수입니다.

│ 풀이 │ $71427 \div 7$의 나머지가 6, $19 \div 7$의 나머지가 5이고 $6 \times 5 = 30$을 7로 나누면 나머지가 2이므로 71427×19를 7로 나누면 나머지가 2입니다.

빼어지는 수를 어떤 수로 나누어서 얻은 나머지가 빼는 수를 어떤 수로 나누어서 얻은 나머지보다 작을 때는 어떻게 해야 할까? 이 문제는 앞에서 이미 언급했습니다.

예제 08

71423−19를 7로 나누면 나머지가 얼마입니까?

| 풀이 | 71423÷7의 나머지가 2, 19÷7의 나머지가 5, 2<5입니다. 그런데 (2+7)과 2가 7에 대하여 나머지가 같으므로 2에 7을 더한 후 5를 빼고 다시 7로 나누어서 나머지를 구해야 합니다. 즉, 2+7−5=4, 4÷7의 나머지는 4입니다. 그러므로 71423−19를 7로 나누면 나머지가 4입니다.

예제 09

어떤 자연수가 있는데, 그것으로 63, 91, 129를 나누어 얻은 세 나머지의 합이 25입니다. 이 자연수를 구하시오.

| 풀이 | 조건에 의하여 (63+91+129)−25=258이 이 자연수로 나누어떨어짐을 알 수 있습니다.
$$258=2\times3\times43$$
세 나머지의 합이 25이고 8×3=24<25이므로 나머지 중에는 8보다 큰 자연수가 적어도 하나 있습니다. 이로부터 이 자연수가 8보다 크다는 것을 알 수 있습니다. 또, 이 자연수가 63, 91, 129의 나누는 수이므로 이 자연수는 제일 작은 수 63을 초과할 수 없습니다. 이리하여 이 자연수는 8과 63 사이에 있다는 것을 알 수 있습니다. 그런데 2×3×43 중에서 43만이 조건에 맞습니다. 그러므로 이 자연수는 43입니다.

정원이 35명인 버스 여러 대가 회담 장소로 출발했습니다. 처음 몇 대는 제 1 대표단 단원들이 탔고 다음 몇 대는 제 2 대표단 단원들이 탔습니다. 맨 마지막 한 대는 제 1 대표단에서 남은 15명과 제 2 대표단에서 남은 몇 명이 탔는데 역시 정원이 찼습니다. 회담이 이루어지자 제 1 대표단 각각의 단원과 제 2 대표단 각각의 단원이 모두 기념 사진을 찍었습니다. 만일 필름 하나로 사진을 35장 찍을 수 있다면 마지막 한 장을 찍은 후 사진기 안에 필름이 몇 장 남아 있습니까?

| 분석 | 제 1 대표단에서 남은 사람이 15명이라 하므로 제 2 대표단에서 남은 사람은 35－15＝20(명)입니다. 제 1 대표단의 각각의 단원과 제 2 대표단의 각각의 단원이 모두 기념 사진을 찍었으므로 찍은 사진 장수는 두 대표단 단원수의 곱과 같습니다.

이 문제를 수학적으로 다음과 같이 서술할 수 있습니다.

수 A를 35로 나누어서 얻은 나머지가 15, 수 B를 35로 나누어서 얻은 나머지가 20이라면 수 A와 수 B의 곱셈 값을 35로 나누면 나머지가 얼마일까요?

나머지가 같은 수의 성질로부터 구하려는 나머지는 제 1 대표단 인원수를 35로 나누어서 얻은 나머지와 제 2 대표단 인원수를 35로 나누어서 얻은 나머지의 곱을 다시 35로 나누어서 얻은 나머지와 같음을 알 수 있습니다. 그러므로 두 대표단의 구체적인 인원수를 몰라도 답을 구할 수 있습니다.

| 풀이 | $15 \times 20 = 300$, $300 \div 35 = 8 \cdots\cdots 20$

필름 한 통을 더 준비해서 나머지 20명을 찍고 나면 사진기 안에 아직 필름 15장이 남아 있습니다.

1부터 1001까지의 정수를 다음 표에서와 같이 배열하고 9개 수
의 바깥에 직사각형 테를 두른다면 직사각형 안의 9개 수의 합
이 다음과 같은 수로 될 수 있습니까?

$$(1)\,1986, \quad (2)\,2529, \quad (3)\,1989$$

만일 될 수 없다면 그 이유를 설명하고 될 수 있다면 직사각형
테 안의 최대수와 최소수를 쓰시오.

1	2	3	4	5	6	7
8	9	10	11	12	13	14
15	16	17	18	19	20	21
22	23	24	25	26	27	28
…	…	…	…	…	…	…
995	996	997	998	999	1000	1001

| 분석 | 표에서 수들의 배열 규칙은 다음과 같습니다. 연속되는 자연수 7개
가 가로줄 하나를 구성하고 아래 가로줄의 각 수가 위 가로줄의
상응한 자리의 각 수보다 7이 크며, 각 세로줄의 각 수를 7로 나누
면 나머지가 같습니다.

예 제1세로줄의 1, 8, 15, 22, …, 995를 7로 나누면 나머지가
1, 제2세로줄의 각 수를 7로 나누면 나머지가 2, 제3세로줄
의 각 수를 7로 나누면 나머지가 3, …, 제7세로줄의 각 수를
7로 나누면 나머지가 0입니다. 표에서 직사각형 테 안의 9개
수도 여전히 위의 규칙을 따른다는 것과 왼쪽 위 모서리의 수
가 제일 작고 오른쪽 아래 모서리의 수가 제일 크다는 것을 알
수 있습니다.

만일 직사각형 테 안 중심 위치에 있는 수를 x라 한다면
이 9개 수의 배열 상황은 다음 표와 같습니다.
이 9개 수의 합을 구한 다음 판단을 하면 됩니다.

$x-8$	$x-7$	$x-6$
$x-1$	x	$x+1$
$x+6$	$x+7$	$x+8$

| 풀이 | 만일 직사각형 테 중심의 수를 x라 한다면 제일 작은 수는 $x-8$, 제일 큰 수는 $x+8$입니다. 분석을 하면 이 9개 수의 합이 $9x$라는 것을 알 수 있습니다.

(1) 만일 $9x=1986$이라면 9가 1986을 나누어떨어지게 할 수 있어야 하겠는데 실제로는 나누어떨어지게 할 수 없으므로 9개 수의 합은 1986으로 될 수 없습니다.

(2) 만일 $9x=2529$라면 $x=2529\div9=281$입니다. 그런데 $281\div7=40($나머지 $1)$입니다.

이는 x가 제 1 세로줄에 있어야 함을 말해 주므로 가설과 모순이 됩니다. 그러므로 이 9개의 합은 2529로 될 수 없습니다.

(3) 만일 $9x=1989$라면 $x=1989\div9=221$, $221\div7=31($나머지 $4)$입니다.

이는 x가 제 1 세로줄과 제 7 세로줄에 없음을 말해 줍니다. 그러므로 이 9개 수의 합은 1989로 될 수 있습니다. 그 중 제일 작은 수는 $221-8=213$, 제일 큰 수는 $221+8=229$입니다.

예제 12

40^{15}을 13으로 나누면 나머지가 몇입니까?

| 풀이 | 40^{15}은 15개의 40을 계속해서 곱함을 의미합니다. 그런데 40을 13으로 나누면 나머지가 1이므로 40^{15}을 13으로 나누어서 얻어지는 나머지는 $1^{15}=1$을 13으로 나누어서 얻어지는 나머지 1과 같습니다.

01 다섯 자리 수 $\overline{2A89B}$가 4와 9로 나누어떨어지게 된다면 이 다섯 자리 수는 얼마입니까?

02 여섯 자리 수 $\overline{x1989y}$가 56으로 나누어떨어지게 된다면 이 여섯 자리 수는 얼마입니까?

03 여섯 자리 수 $\overline{A1989B}$가 44로 나누어떨어지게 된다면 이 여섯 자리 수는 얼마입니까?

04 여섯 자리 수 $\overline{A1989B}$가 26으로 나누어떨어지게 된다면 이 여섯 자리 수는 얼마입니까?

05 일곱 자리 수 $\overline{A6A3A2A}$가 6으로 나누어떨어지게 된다면 이 일곱 자리 수는 얼마입니까?

06 다섯 자리 수 $\overline{x527x}$가 72로 나누어떨어지게 된다면 이 다섯 자리 수는 얼마입니까?

07 522 뒤에 서로 다른 수 셋을 써넣으면 여섯 자리 수가 됩니다. 만일 이 여섯 자리 수가 7, 8, 9로 나누어떨어지게 된다면 뒤에 써넣은 숫자 셋으로 이루어진 세 자리 수는 얼마입니까?

08 여섯 자리 수 $\overline{ababab}$가 3, 7, 13, 37로 나누어떨어지게 될 수 있는 이유는 무엇입니까?

09 일만이는 이번 여름 방학에 장편 소설 한 권을 다 읽을 작정입니다. 만일 매일 80페이지씩 읽는다면 4일 남짓 걸리고 매일 90페이지씩 읽는다면 3일 남짓 걸린다고 합니다. 그런데 일만이는 매일 읽는 페이지 수와 이 소설을 모두 읽는 데 걸리는 일수가 같게 하려고 합니다. 매일 몇 페이지씩 읽어야 합니까?

10 443, 347, 123인 세 수를 각각 어떤 수로 나누었더니 나머지가 같았습니다. 이 나누는 수의 최댓값과 나머지를 구하시오.

11 0, 1, 2, 3, 4, 5, 6, 7, 8, 9의 10개 수 중에서 5개 수를 골라 3, 5, 7, 13으로 나누어떨어지게 되는 어떤 다섯 자리 수를 구성할 수 있습니다. 이 다섯 자리 수의 최댓값은 얼마입니까?

12 1부터 9까지의 9개 숫자를 아래 그림에서와 같은 순서로 배열하였습니다. 이제 임의의 두 숫자 사이를 나눈다면 시계 바늘이 도는 방향과 반대 방향으로 두 개의 아홉 자리 수를 구성할 수 있습니다(**예** 1과 7 사이를 나눈다면 193426857과 758624391이 얻어집니다).
만일 나눈 후 구성한 두 아홉 자리 수의 차가 396으로 나누어떨어지게 된다면 나눈 자리 좌우 양쪽의 두 수를 곱한 값은 얼마입니까?

1

7　　　9

5　　　　3

8　　　4

6　　2

13 2, 3, 4, 5, 6으로 나누면 나머지가 1이고 7로 나누면 나누어떨어지게
되는 최소의 자연수는 몇입니까?

14 수 a를 수 b로 나누면 몫이 103, 나머지가 14입니다. 또 수 a, 수 b의
몫과 나머지를 합치면 그 합이 5643입니다. 수 b를 구하시오.

15 어떤 자연수 m으로 13511, 13903, 14589를 나누었더니 그 나머지가
같았습니다. m의 최댓값은 얼마입니까?

16 1로부터 시작된 자연수를 차례로 201자리의 수가 얻어질 때까지 써냈
습니다. 즉,

$$\underbrace{1\ 2\ 3\ 4\ 5\ 6\ 7\ 8\ 9\ 10\ 11\ 12\cdots\cdots}_{201자리}$$

이 수를 3으로 나누면 나머지가 몇입니까?

17 수열 1, 6, 7, 12, 13, 18, 19, …가 있습니다. 이 수열의 제133항을
    7로 나누면 나머지가 몇입니까?

18 69, 90, 125를 어떤 수 m으로 나누었더니 나머지가 같았습니다. 그렇
    다면 81을 m으로 나누면 나머지가 몇입니까?

19 분모가 15인 가장 간단한 가분수를 작은 것으로부터 큰 것으로의 순서
    로 모두 배열하였다면 제999번째 가분수의 분자는 몇입니까?

21 체치는 법과 매거법

이 장에서는 소박하고도 실용적인 방법, 즉 체치는 법과 매거법을 소개한 다음 그 방법들이 문제 풀이에 어떻게 응용되고 있는가를 살펴보기로 합니다.

1. 매거 및 그 응용

저녁에 수지는 오늘 들에 나가서 채집한 식물 표본들을 하나하나 내놓으면서 세어 보았습니다. 모두 30종이었습니다.

표본을 셀 때 수지가 사용한 방법이 분류하고 추려서 세는 방법, 즉 매거법(枚擧法)입니다.

매거법을 사용할 때 첫째로는 중복을 피해야 하고, 둘째로는 누락을 피해야 합니다. 이는 매거법을 사용함에 있어서 반드시 지켜야 할 원칙입니다. 이 원칙을 벗어난다면 정확성을 얘기할 수 없습니다.

매거법은 비록 간단한 방법이기는 하지만 아주 실용적이어서 수학 문제 풀이에 자주 쓰이고 있습니다. 예컨대, 누구에게 100 이내의 3의 배수를 곧바로 말해 보라고 하면 그는 자연히 0, 3, 6, 9, 12, …, 99 하고 대답할 것입니다. 만일 이렇게 질서있게, 규칙적으로 열거하지 않는다면 중복 또는 누락을 피하기 어려울 것입니다.

일반적으로 말해서, 문제가 되는 사물을 중복 또는 누락됨이 없이 낱낱이 열거하는 방법을 매거법이라 부릅니다.

실제 문제를 풀 때 매거의 정확성을 어떻게 나타내야 할까? 한마디로 말해서 질서있게, 규칙적으로 유형별로 열거해야 합니다.

다음의 예제를 보기로 합시다.

예제 01

다음 그림에 정삼각형이 모두 몇 개 있습니까?

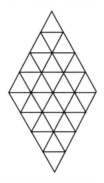

| 분석 | 이 문제를 푸는 열쇠는 중복과 누락을 피하는 것입니다. 중복 또는 누락됨이 없이 정확히 세려면 그림 중의 정삼각형의 구성에 유의해야 합니다. 관찰을 통해 4가지 다른 유형의 정삼각형이 있음을 알 수 있습니다.

| 풀이 | 정삼각형의 구성에 따라 매거하면 다음과 같습니다.

작은 정삼각형 1개로 구성된 것 : 32개(즉 16×2)

작은 정삼각형 4개로 구성된 것 : 18개(즉 9×2)

작은 정삼각형 9개로 구성된 것 : 8개(즉 4×2)

작은 정삼각형 16개로 구성된 것 : 2개

그러므로 그림에는 정삼각형이 모두 $32 + 18 + 8 + 2 = 60$개 있습니다.

예제 02

각기 다른 두 자연수의 최소공배수가 105이고 이 두 수 중 어느 것도 1이 아닙니다. 이런 조건을 만족시키는 모든 수들을 구하시오.

| 풀이 | 문제로부터 105에는 이 두 수의 모든 소인수가 포함되어야 함을 알 수 있습니다. 105를 소인수분해하면 $105 = 3 \times 5 \times 7$.

두 수의 같지 않은 관계를 고려하면서 매거하면 다음과 같이 됩니다.

두 수가 서로소일 때 3과 35, 5와 21, 7과 15

두 수가 배수 관계일 때 3과 105, 5와 105, 7과 105, 15와 105, 21과 105, 35와 105

두 수가 서로소도 아니고 배수 관계도 아닐 때 15와 21, 21과 35, 15와 35

그러므로 조건을 만족시키는 두 수는 12쌍 있습니다.

예제 03

여름 방학에 영호는 국어 · 수학 · 영어 숙제를 매일 과목을 바꾸어 가면서 하리라고 마음 먹었습니다. 만일 영호가 첫째 날에 수학 숙제를 한 후 다섯째 날에 여전히 수학 숙제를 한다면 숙제를 하는 데 몇 가지 다른 방식이 있습니까?

| 풀이 | 가능한 방식을 매거하면 다음 그림에서와 같이 모두 6가지 방식이 있습니다.

위의 그림을 이용하면 직관적일 뿐만 아니라 조리가 있어서 중복 또는 누락을 피할 수 있습니다.

앞의 예제를 통해 매거법에 대하여 대체적으로 알게 되었을 것입니다. 이제 다음 문제를 보기로 합시다.

나미는 나흘 동안에 큼직한 버섯을 17송이 땄습니다. 그런데 매일 딴 양이 그 전날보다 많다고 합니다. 만일 나미가 넷째 날에 딴 버섯량이 앞의 사흘 동안 딴 버섯량의 합보다 적다는 것과, 이 나흘 동안에 딴 버섯량을 서로 곱하면 둘째 날에 딴 버섯량의 40배가 된다는 것을 안다면 나흘 동안 나미는 매일 버섯을 몇 송이를 땄을까?

사고와 분석을 거쳐 이 문제를 푸는 데 있어서 모든 경우를 일일이 다 열거하려면 시간이 많이 걸리고 또 정답을 얻기도 힘들다는 것을 발견하게 될 것입니다. 그렇다면 어떻게 해야 넓은 범위에서 재빨리 정답을 구할 수 있을까? 이때 매거의 범위를 끊임없이 축소시켜 불필요한 것을 걸러내는 방법 즉 체치는 방법을 사용한다면 문제 풀이가 훨씬 간편해집니다.

다음에 체치는 법과 그것을 문제 풀이에 적용할 때 지켜야 할 원칙을 소개하겠습니다.

2. 체치는 법 및 그 원칙

체치는 법이란 무엇일까? 다음 이야기를 들으면 알게 될 것입니다.

대략 기원전 250년 때의 일입니다. 고대 그리스의 수학자 에라토스테네스는 일정한 범위 내의 소수를 찾기 위하여 수효가 그리 많지 않은 소수표를 만들었는데 그 원리는 이러했습니다.

그는 먼저 일정한 범위(⑩ 1부터 300까지) 안의 자연수를 써낸 다음 첫 번째 수 1이 소수가 아니므로 지워버렸습니다. 다음 두 번째 수 2는 소수이므로 남겨두고 2의 배수(즉 합성수)들을 모두 지워버렸습니다. 그 다음 세 번째 수 3이 소수이므로 남겨두고 3의 배수들인 9, 15, 21, …, 297을 지워버렸습니다 (그 중의 일부는 2의 배수이므로 이미 지워버렸습니다). 이런 식으로 하여 300 이내의 모든 소수를 얻어냈습니다.

전하는 말에 의하면 에라토스테네스는 소수표를 만들 때 자연수들이 적혀 있는 종이를 틀에 조이고 위에서 말한 합성수와 1을 파버렸다고 합니다. 그리하여 체와 비슷한 것으로 되어 모든 합성수들과 1이 체 구멍으로 빠져 나간 것처럼 되었다고 합니다. 그래서 후세 사람들은 소수표를 만드는 그의 방법을 '체치는 법' 또는 '불필요한 것을 걸러내는 원칙' 이라고 부릅니다.

이런 체치는 법이 있음으로 하여 매거의 범위가 축소되고 가능한 답 중에서 재빨리 정답을 '체칠 수 있게' 되었습니다.

이제 불필요한 것을 걸러내는 원칙에 따라 "나미가 버섯을 몇 송이 땄을까?" 하는 문제를 분석해 보기로 합시다.

만일 알파벳 a, b, c, d로 나미가 나흘 동안에 딴 버섯량을 각각 표시한다면 조건에 의해 다음 식들이 얻어집니다.

즉, (1) $a < b < c < d$

　　(2) $a + b + c + d = 17$

　　(3) $a + b + c > d$

　　(4) $a \times b \times c \times d = 40 \times b$, 즉 $a \times c \times d = 40$

(4) 식을 변형하면

$$a \times c \times d = 2 \times 2 \times 2 \times 5 = 1 \times 2 \times 2 \times 2 \times 5$$

(1), (2) 식으로부터 a가 3 또는 3보다 큰 수로 될 수 없음을 알 수 있습니다. 위의 등식에 근거하여 매거한 다음 분석하면

$a = 1$, $c = 2$이면 $d = 20$이므로 식 (2)와 모순되고,

$a = 1$, $c = 4$, $d = 10$이면 $b = 2$이므로 식 (3)과 모순되며

$a = 1$, $c = 5$, $d = 8$이면, $b = 3$이므로 조건에 맞고

$a = 2$, $c = 4$, $d = 5$이면, $b = 6$이므로 식 (1)과 모순된다는 것을 알 수 있습니다.

그러므로 나미가 버섯을 첫째 날에 1송이, 둘째 날에 3송이, 셋째 날에 5송이, 넷째 날에는 8송이 땄음을 알 수 있습니다.

위 예에서 체치는 법과 매거법이 흔히 병용된다는 것과, 문제를 푸는 **핵심은 체치는 표준을 찾고 매거의 범위를 확정**하는 데 있다는 것을 알 수 있습니다.

예제 04

1990년에 어떤 사람이 자기네 집 형편을 수수께끼 삼아 이렇게 소개하였습니다. "나에게는 아들 딸이 각각 하나씩 있는데, 그들은 쌍둥이가 아닙니다. 아들 나이의 세제곱에다 딸 나이의 제곱을 더하면 나의 출생 연도가 됩니다. 나는 중년(55세 미만)이고 아들 딸은 20세 미만입니다. 나는 아내보다 한 살 더 많습니다. 우리 식구의 나이는 각각 몇입니까?"

| 분석 | 이 문제의 핵심은 먼저 아들의 나이를 확정하는 데 있습니다.

| 풀이 | $13^3 = 2197$이므로 아들의 나이는 13세 미만이라는 것을 알 수 있고 또 $11^3 = 1331$.

설령 $20^2 = 400$을 더한다 해도 $1331 + 400 = 1731$밖에 안 되므로 아들의 나이는 11세 이상 이라는 것을 알 수 있습니다. 그러므로 아들의 나이는 12세입니다.

만일 딸의 나이를 x세라 하고 아버지가 중년(제일 많아도 55세를 초과하지 않음)이라는 것으로부터 아버지가 1935년 이후에 출생했음을 알 수 있으므로

$$12^3 + x^2 > 1935$$

$$x^2 > 207$$

$14^2 = 196$, $15^2 = 225$이므로 딸의 나이는 15세 이상이라는 것, 다시 말해서 15, 16, 17, 18, 19세 중의 하나라는 것을 알 수 있습니다.

만일 $x = 16$이라면 아버지의 출생 연도는

$$12^3 + 16^2 = 1728 + 256 = 1984$$

로 되므로 불합리함을 알 수 있습니다. 또, 17세 이상은 더욱 불가능함을 알 수 있습니다. 그래서 딸의 나이는 15세라고 단정할 수 있습니다.

그렇게 되면

$$12^3 + 15^2 = 1953$$

이로부터 1990년에 아버지는 37세, 어머니는 36세라는 것을 알 수 있습니다.

이 문제의 풀이 과정에서 체치는 법으로 문제를 풀 때 **그 핵심은 체치는 범위를 확정**하는 데 있다는 것을 알 수 있습니다.

1, 2, 3, …, 13이 각각 씌어 있는 카드가 2장씩 있습니다. 만일 이 카드 중에서 아무렇게나 두 장씩 뽑아 그 위에 씌어진 수의 곱을 계산한다면 각각 다른 곱들이 많이 얻어집니다.

이런 곱들 중에서 6으로 나누어떨어지게 되는 곱이 모두 몇 개나 있습니까?

| 분석 | 이 문제는 틀리게 계산하기 쉬운 문제입니다. 카드를 아무렇게나 뽑기 때문에 각각 다른 곱들이 많이 얻어져 분석하기가 여간 힘들지 않습니다. 이 때 관점을 바꾸어 얻어질 수 있는 모든 6의 배수를 분석해 낸다면 문제 풀이 범위가 훨씬 축소됩니다.

| 풀이 | 주어진 조건으로부터 보면 카드를 뽑은 후 6으로 나누어떨어지게 되는 곱 중 가장 작은 수는 6, 가장 큰 수는 $12 \times 13 = 26 \times 6$임을 알 수 있습니다. 따라서 26가지의 다른 경우가 얻어집니다. 그런데 카드 위 두 수의 곱으로 6의 17배, 19배, 21배, 23배, 25배가 나타날 수 없습니다(다른 경우는 모두 나타날 가능성이 있습니다. 왜 그런가는 스스로 생각해 보세요).

그러므로 모두 $26 - 5 = 21$종의 다른 곱이 6으로 나누어떨어지게 된다고 할 수 있습니다.

물론 이 13개 수를 쓴 다음 직접 체를 칠 수도 있습니다. 즉 앞 수에 뒷수를 차례로 곱한 다음 6의 배수 1×6, 1×12, 2×12, 3×6, 3×12를 취할 수 있습니다. 그러나 이렇게 하는 것은 아주 복잡합니다.

3. 경시 대회에 자주 나타나는 문제

수학 문제 풀이는 배운 지식을 종합적으로 응용하여 조리있게 분석, 개괄하는 과정이라고 할 수 있습니다.

문제의 본질을 파악하고 문제에서 제시한 풀이 방향을 따라 나가는 것은 어려운 수학 문제를 푸는 핵심입니다.

예제 6

> 분자가 6보다 작고 분모가 60보다 작은 기약진분수(분모와 분자가 서로소라서 더 이상 약분되지 않는 진분수)는 몇 개 있습니까?

| 분석 | '기약진분수'는 분자값의 범위가 분모값의 범위보다 작으므로 분자에 한해서만 생각해도 됩니다.

| 풀이 | 분자가 1일 때 분모는 2부터 59까지 58개가 조건을 만족시킵니다.

분자가 2일 때 57개가 진분수이기는 하나 분모가 2의 배수인 것이 28개(이런 분수는 기약분수가 아닙니다)이므로 조건을 만족시키는 분수는 29개입니다.

분자가 3일 때 조건을 만족시키는 분수는 38개, 분자가 5일 때 조건을 만족시키는 분수는 44개입니다.

분자가 4일 때 55개의 진분수가 얻어지나 분모가 짝수인 것이 27개(이런 분수도 기약분수가 아닙니다)이므로 조건을 만족시키는 분수는 28개입니다.

그러므로 분자가 6보다 작고 분모가 60보다 작은 기약진분수는 모두

$$58+29+38+44+28=197(개)$$

예제 7

> 세 자리 수 중에서 그 수와 그 3개 숫자의 합의 비가 최대로 되는 수 N을 모두 찾으시오.

| 풀이 | 모든 세 자리 수를 일의 자리와 십의 자리가 0인 수와 일의 자리와 십의 자리 중 적어도 1개는 0이 아닌 수로 나누어 생각하기로 합시다.

① $N = \overline{a00}\ (a = 1,\ 2,\ \cdots,\ 9)$이라면 문제에서 말하는 비는

$\dfrac{N}{a} = 100$입니다.

② $N = \overline{abc}\ (a \neq 0,\ a,\ b,\ c$ 중 적어도 1개는 0이 아님)이라면

$N = a \times 100 + b \times 10 + c \leq a \times 100 + 9 \times 10 + 9$

$\qquad < a \times 100 + 100$

즉 $N < (a+1) \times 100$

또 $b,\ c$ 중 적어도 1개는 0이 아니므로 $a+b+c \geq a+1$

∴ 문제에서 말하는 비의 값은

$$\dfrac{N}{a+b+c} < \dfrac{(a+1) \times 100}{a+1} = 100$$

위의 ①, ②를 종합하면 '최대의 비의 값'이 100임을 알 수 있습니다. 그러므로 문제의 조건을 만족시키는 세 자리 수 N으로는 100, 200, 300, 400, 500, 600, 700, 800, 900 등으로 9개의 수가 있다고 할 수 있습니다.

예제 8

임의의 5개 정수 중 3개 정수를 골라서 이 3개 정수의 합이 반드시 3의 배수로 되게 할 수 있습니다. 왜 그렇습니까?

| 분석 | 각각의 정수를 3으로 나누면 그 나머지는 0, 1, 2 이 세 수 중의 어느 한 수일 수밖에 없습니다. 그러므로 모든 정수를 나머지에 따라 3개 유형으로 나눌 수 있습니다. 그런데 5개 정수가 이 3개 유형에 속할 때 다음의 두 가지 경우가 나타나게 됩니다. 즉
① 5개 정수 중 적어도 3개가 한 가지 유형에 속하는 경우,
② 5개 정수 중 많게는 2개가 한 가지 유형에 속하는 경우로서,
①과 ②의 경우를 열거한 다음 살펴보면 위의 결론을 증명할 수 있습니다.

| 풀이 | ① 5개 정수 중 적어도 3개가 한 가지 유형에 속하는 경우
이때 5개 정수 중 적어도 3개가 3으로 나눈 후의 나머지가 같으므로 나머지의 합은 의심할 바 없이 3으로 나누어떨어지게 됩니다. 이는 이 세 수의 합이 반드시 3으로 나누어떨어지게 됨을 말해 줍니다.

② 5개 정수 중 많게는 2개가 한 가지 유형에 속하는 경우

이때 이 5개 수를 3으로 나눈 후의 나머지는 세 가지 가능성 밖에 없습니다. 즉

0, 0, 1, 1, 2

0, 0, 1, 2, 2

0, 1, 1, 2, 2

이때 각각의 가능성 중에서 나머지가 각각 0, 1, 2인 3개 정수를 취하면 그 합이 반드시 3의 배수로 됩니다.

①과 ②를 종합하면 위의 결론이 정확함을 알 수 있습니다.

예제 9

500페이지짜리 책이 한 권 있습니다. 숫자 1이 페이지 수에 몇 번 나타납니까?

| 풀이 | 1~500을 6개 조로 나누어 분석해 봅시다. 즉

1~99, 100~199, 200~299, 300~399, 400~499와 500

① 1~99를 또 1~9, 10~19, 20~29, …, 90~99 등 10개 분단으로 나누면 10~19에 1이 11번 들어간 것 외에 다른 분단에는 1이 1번밖에 들어가지 않았으므로 1~99에 1이 모두 20번 들어갔음을 알 수 있습니다.

② 100~199를 보면 백의 자리 수가 모두 1이므로 ①보다 1이 100번 더 들어갑니다. 그러므로 이 조에는 1이 모두 120번 들어갑니다.

③ 200~299, 300~399, 400~499의 3개 조에 1이 나타난 횟수는 1~99에서와 같습니다.

④ 500에는 1이 나타나지 않습니다.

위의 것을 종합하여 보면 이 책의 페이지 수에 숫자 1이 모두

$$20 \times 4 + 120 = 200(번)$$

나타남을 알 수 있습니다.

다음 문제는 예제 09와 정반대되는 문제입니다.

예제 10

책 한 권의 페이지 수에 숫자가 모두 3197개 나타났습니다.
이 책은 모두 몇 페이지입니까?

| 풀이 | 1~9페이지(모두 9페이지) : 9개 숫자

10~99페이지(모두 90페이지) : $2 \times 90 = 180$개 숫자

100~999페이지(모두 900페이지) : $3 \times 900 = 2700$개 숫자

이로부터 1~999페이지(모두 999페이지)에

$9 + 180 + 2700 = 2889$개 숫자가 들어감을 알 수 있습니다.

그런데 $3197 - 2889 = 308$이므로 나머지 숫자로는 1000 이상의 페이지(네 자리 수)를 $308 \div 4 = 77$(페이지)로 구성할 수 있습니다.

그러므로 이 책은 모두 $999 + 77 = 1076$(페이지)입니다.

예제 11

철수에게는 10원·50원·100원짜리 동전이 각각 6개씩 있습니다. 지금 이 돈으로 160원짜리 볼펜을 사려고 합니다. 몇 가지 지불 방식이 있습니까?

| 풀이 | 두 가지 동전으로 지불하는 방식으로는 세 가지가 있습니다. 즉

① 10원짜리 6개와 50원짜리 2개

② 10원짜리 6개와 100원짜리 1개

③ 10원짜리 1개와 50원짜리 3개

세 가지 동전으로 지불하는 방식으로는 한 가지가 있습니다.

즉 10원짜리 1개, 50원짜리 1개와 100원짜리 1개

따라서 모두 네 가지 지불 방식이 있습니다.

학술 발표회에 참가한 김 교수·이 교수·박 교수·임 교수·
장 교수는 서로 인사를 나누면서 악수를 하였습니다. 악수한 상
황을 보면, 김 교수는 네 분과, 이 교수는 세 분과, 박 교수는 두
분과, 임 교수는 한 분과 악수를 하였습니다. 장 교수는 몇 분과
악수를 하였습니까?

| 풀이 | 주어진 조건에 근거하여 악수한 상황을 열거하면

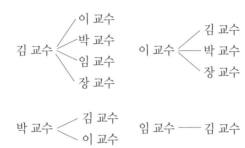

이로부터 장 교수는 김 교수와 이 교수 두 분과 악수하였음을
알 수 있습니다.

01 1989~9891의 정수 중 마지막 두 자리 수가 같은 수(**예** □□44와 같은 수)가 모두 몇 개 있습니까?

02 20을 몇 개 자연수의 합으로 변형시켜서 이 수들의 곱이 되도록 크게 하시오. 그 곱은 얼마입니까?

03 모든 세 자리 수 중에 각 자리 숫자의 합이 10인 수가 모두 몇 개나 있습니까?

04 길만이와 성수는 4판을 먼저 이기면 이긴 것으로 규정하고 탁구 시합을 했습니다. 3판을 시합한 결과 길만이가 2승 1패 했습니다. 이제 승부가 날 때까지 몇 가지의 다른 시합 상황이 나타날 수 있습니까? 성수가 이길 수 있는 경우는 몇 가지입니까?

05 긴 나무 막대기 위에 세 가지의 다른 눈금이 새겨져 있습니다. 첫번째 눈금은 나무 막대기를 10등분, 두번째 눈금은 나무 막대기를 12등분, 세번째 눈금은 나무 막대기를 15등분으로 나누었습니다. 만일 눈금을 따라 이 나무 막대기를 켠다면 모두 몇 토막이 납니까?

06 400 이내에서 15개의 약수만 가진 모든 자연수를 찾으시오.

07 앞뜰에 복숭아 나무가 세 그루 있는데, 첫 그루에는 복숭아가 303개, 둘째 그루에는 전체 복숭아 개수의 5분의 1, 셋째 그루에는 전체 복숭아 개수의 7분의 몇이 열려 있습니다. 이런 상황을 알고 복숭아 나무 세 그루에 복숭아가 모두 몇 개 열렸는가를 구하시오.

08 그림의 각각의 작은 정사각형의 한 변의 길이는 모두 2cm입니다. 모든 정사각형 넓이의 총합을 구하시오.

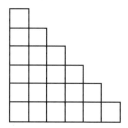

09 갑·을·병 세 사람의 나이는 30보다 작지 않은 3개 연속한 자연수입니다. 그리고 그들 나이의 합도 두 자리 수인데 11로 나누어떨어지게 된다고 합니다. 이 세 사람의 나이는 각각 얼마입니까?

10 정수 n이 5의 배수가 아니라면 n^2도 5의 배수가 아닙니다. 왜 그렇습니까?

11 임의의 두 정수의 합·차·곱 중에서 적어도 하나는 3으로 나누어떨어지게 됩니다. 왜 그런가를 설명하시오.

12 6을 초과하지 않는 자연수 6개(같아도 무방함)의 합이 12라면 그 중에서 합이 6인 몇 개 수를 반드시 찾을 수 있습니다. 몇 가지입니까?

13 한 자연수의 진인수란 1과 그 수 자체를 제외한 약수를 가리킵니다. 만일 1보다 큰 자연수라 각각 다른 진인수의 곱과 같다면 이 수를 '좋은 자연수' 라고 부릅니다. 처음 10개의 '좋은 자연수' 를 찾아내고 그 합을 구하시오.

14 A·B·C·D 네 사람이 리그전 방식으로 탁구 시합을 했습니다. 그 결과 A가 D를 이겼고, A·B·C가 이긴 횟수가 똑 같았습니다. D는 몇 번 이겼습니까?

22 수학 서랍 만들기

1. 서랍의 원리 Ⅰ(디리클레의 방나누기 원리, 비둘기집 원리)

사람들은 보통 복잡한 수학 문제를 풀거나 수학 연구를 하려면 어려운 수학 원리나 공식을 응용해야 한다고 생각하고 있습니다. 그러나 사실 어떤 때에는 잘 생각하고 나서 응용만 잘하면 적은 상식으로도 큰 문제를 해결할 수 있습니다.

적은 상식 : 2개의 서랍에 책 3권을 넣을 때, 2권을 넣어야 할 서랍이 적어 도 1개 있습니다.

왜 이런 결론이 얻어질까? 그 이치는 아주 간단합니다. 만일 그렇지 않고 2권을 넣어야 할 서랍이 1개도 없다면 각 서랍에 1권씩 넣거나 1권도 넣지 않은 경우가 나타나므로 이는 3권을 넣는다는 문제의 조건과 맞지 않습니다.

같은 이치로, 2개의 서랍에 3권 이상의 책을 넣을 때 2권을 넣어야 할 서랍이 적어도 1개 있습니다. 따라서 위의 상식을 "2개의 서랍에 2권보다 많은 책을 넣을 때, 2권을 넣어야 할 서랍이 적어도 1개 있다"라고 할 수 있습니다.

이와 비슷하게 3개의 서랍에 3권보다 많은 책을 넣을 때 2권을 넣어야 할 서랍이 적어도 1개, 4개의 서랍에 4권보다 많은 책을 넣을 때 2권을 넣어야 할 서랍이 적어도 1개 있다는 결론을 추리해 낼 수 있습니다.

이상의 상식을 수학적 언어로 서술하면 서랍의 원리 Ⅰ이 얻어집니다.

m개 서랍에 m개보다 많은 물건을 넣을 때 2개의 물건을 넣어야 할 서랍이 적어도 1개 있습니다.

여기서 말하는 '서랍'이란 책상이나 문갑의 서랍을 말하는 것이 아니라 '수학 서랍', 다시 말해서 '합당한 분류'를 말하는 것입니다. 서랍의 원리를 적용하여 문제를 해결하는 데 있어서의 핵심은 합당하게 분류할 줄 아는가, 다시 말해서 '수학 서랍'을 만들 줄 아는가에 있습니다.

유명한 수학자이며 물리학자인 뉴턴은 "수학에서 예제는 법칙보다 더 중요하다"라고 말한 적이 있습니다. 다음에 '수학 서랍'을 만드는 방법과 그 원리를 어떻게 적용하는가를 예제를 들어 설명하기로 합시다.

예제 01

1993년생의 어린이가 15명이 있다면 그 중에는 생일이 같은 달에 있는 어린이가 적어도 2명 있습니다.

| 풀이 | 1993년의 12달로 '서랍' 12개를 만든 다음 출생 달에 따라 어린이 15명을 '서랍' 12개에 넣는다면 2명을 넣어야 할 '서랍'이 적어도 1개 있습니다. 이는 15명 중 생일이 같은 달에 있는 어린이가 적어도 2명 있음을 말해 줍니다.

📌 15명을 13명으로 고쳐도 결론이 여전히 성립됩니다.

예제 02

6학년 1반에서 며칠 후 학급 운동회를 열기로 하였습니다. 종목으로는 50m 달리기 · 넓이뛰기 · 높이뛰기와 포환던지기의 4종목이 있는데, 각 학생이 무조건 2종목 시합에 반드시 참가해야 한다는 규정까지 정했습니다. 제4조의 8명은 좋은 성적을 따내기 위하여 조 내에서 어느 누구도 똑같은 종목에 참가하지 말자고 약속했습니다. 그들의 이 약속이 가능합니까?

| 풀이 | 먼저 2종목을 구성하는 데 몇 가지 방식이 있는가를 살펴봅시다.
(50m 달리기, 넓이뛰기), (50m 달리기, 높이뛰기)
(50m 달리기, 포환던지기), (넓이뛰기, 높이뛰기)
(넓이뛰기, 포환던지기), (높이뛰기, 포환던지기)
위의 방식 외에는 다른 방식이 있을 수 없습니다. 이제 이 6개 방식으로 '서랍' 6개를 만든 다음 학생 8명을 넣는다면 2명을 넣어야 할 서랍이 적어도 1개 있음을 알 수 있습니다. 그러므로 제 4조의 약속은 불가능한 것입니다.

곧게 뻗은 도로 한쪽을 기점으로 해서 1m 간격을 두고 나무를 심었습니다. 가령 '나무를 보호하세요' 라고 쓴 패널 3개를 나무 세 그루에 갈라 걸어놓는다고 합니다. 그러면 어떻게 걸어도 패널을 건 두 나무 사이의 거리의 합(단위는 m)은 짝수로 됩니다. 왜 그렇습니까?

| 분석 | 문제를 보다 수학화하기 위하여 기점으로부터 시작해서 나무에 번호를 매깁시다. 그러면 임의의 두 나무 사이의 거리가 두 나무의 번호차로 됩니다. 그런데 두 수가 모두 홀수 또는 짝수일 때 그 두 수의 차가 짝수로 됩니다. 그러므로 이 문제는 두 패널이 둘 다 홀수 번호이거나 짝수 번호의 나무에 걸려진다는 것만 증명하면 되는 문제라고 할 수 있습니다.

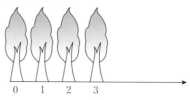

| 풀이 | 그림에서와 같이 나무에 번호를 매기면 번호가 홀수인가 아니면 짝수인가에 따라 나무를 두 가지 유형으로 나눌 수 있습니다. 이 두 가지 유형을 2개 '서랍' 으로 볼 수 있습니다. 패널 3개를 2개의 '서랍' 에 넣을 때 2개의 패널을 넣어야 할 서랍이 적어도 1개 있게 됩니다. 다시 말해서 패널을 똑같은 유형의 나무에 걸게 됩니다. 나무가 어느 유형에 속하든지 오직 같은 유형이기만 하면 그 번호차가 짝수로 되기 때문에 두 나무 사이의 거리의 합은 반드시 짝수라고 말할 수 있습니다.

임의로 주어진 7개의 다른 자연수가 있다면 그 중에는 합 또는 차가 10의 배수인 수가 반드시 2개 있습니다. 왜 그렇습니까?

| 풀이 | 일의 자릿수가 같은 두 수의 차가 10의 배수이고, 일의 자릿수의 합이 10인 두 수의 합이 10의 배수이기 때문에 일의 자릿수에 따라 다음의 6개 '서랍'을 만들 수 있습니다.

$$(0), \quad (5), \quad (1, 9), \quad (2, 8), \quad (3, 7), \quad (4, 6)$$

이리하여 적어도 2개의 수를 넣어야 할 '서랍'이 반드시 있게 됩니다. 이 두 수는 일의 자릿수가 같지 않으면 일의 자릿수의 합이 10이기 때문에 합 또는 차가 10의 배수로 됩니다.

"숙달되면 기교가 생긴다"라는 말이 있습니다. 먼저 서랍의 원리 Ⅰ을 적용하여 이 장의 연습문제 중에서 4번까지 푼 후 서랍의 원리 Ⅱ를 읽습니다.

2. 서랍의 원리 Ⅱ

여전히 구체적인 예로부터 시작하여 수학 원리를 발견하기로 합시다.

2개의 서랍에 책 15권을 넣을 때 서랍의 원리 Ⅰ에 의하여 적어도 2권을 넣어야 할 서랍이 반드시 1개 있게 됩니다. 물론 이 결론은 틀린 것이 아닙니다. 그러나 어쩐지 이렇게 결론짓는 것은 정확성이 약한 것으로 느껴지게 될 것입니다. 그렇게 하기보다 적어도 8권을 넣어야 할 서랍이 꼭 1개 있게 된다라고 결론내리는 것이 바람직할 것입니다. 왜 그럴까?

만일 2개의 서랍 중 어느 1개에 8권도 넣지 못한다면 어떻게 15권을 다 넣을 수 있겠습니까? 이것이 첫째 이유입니다. 그리고 8을 9로 고칠 수 있는 것도 아닙니다. 왜냐하면 어느 서랍에 반드시 9권을 넣어야 15권을 다 넣을 수 있는 것이 아니기 때문입니다. 이것이 둘째 이유입니다.

이 숫자 '8'을 어떤 규칙성에 의해 찾을 수 있을까? 있습니다.

$15 = 7 \times 2 + 1$이라는 데 유의합니다. 위 식은 15를 2로 나누면 몫이 7, 나머지가 1임을 말해 줍니다. 이로부터 몫 7보다 1이 큰 수 8이 알맞은 수로 된다는 것을 알 수 있습니다.

같은 이치로, 장미 20송이를 3개의 꽃병에 꽂을 때 $20 = 6 \times 3 + 2$이기 때문에 적어도 7송이를 꽂아야 할 꽃병이 반드시 1개 있다는 것을 알 수 있습니다. 또 만일 52명의 학생을 임의로 6개 조로 나눈다면 $52 = 8 \times 6 + 4$이기 때문에 어느 한 조에 적어도 9명이 배당되어야 합니다.

이로부터 서랍의 원리 Ⅱ를 이끌어 낼 수 있습니다.

서랍의 원리 Ⅱ : $a \times b + c$개 물건을 $b(0 < c < b)$개 서랍에 넣을 때 적어도 $a+1$개 물건을 넣어야 할 서랍이 반드시 1개 있습니다.

예제 05

어느 학급에 50명의 학생이 있다면 그 중에 같은 달에 생일이 있는 학생이 적어도 5명이 있습니다.

| 풀이 | 1년은 12달이므로 12달을 12개 서랍으로 볼 수 있습니다. 그런데 $50 = 4 \times 12 + 2$이므로 적어도 5명의 학생이 한 '서랍'에 들어가야 합니다. 이는 적어도 5명의 학생이 같은 달에 생일을 맞게 된다는 것을 말해 줍니다.

예제 06

어느 초등학교에서 올해에 모집한 신입생 180명이 모두 1996년생입니다. 신입생 중에 같은 주일에 생일을 맞게 되는 학생이 적어도 몇 명 있습니까?

| 풀이 | 1년은 제일 많게는 53주일이 되므로 '서랍'을 53개 만들면 됩니다. 그런데 $180 = 3 \times 53 + 21$이므로 적어도 4명의 학생이 한 서랍에 들어가야 합니다. 이는 같은 주일에 생일을 맞게 되는 학생이 적어도 4명 있음을 말해 줍니다.

3. 비교적 어려운 예제

예제 07

치수가 같은 6가지 색깔의 양말이 각각 20짝씩 있습니다. 만일 이 양말들이 마구 뒤섞여 상자에 담겨 있다면 어둠 속에서 적어도 몇 짝을 집어내야 양말 3켤레의 짝을 맞출 수 있습니까?

| 분석 | 어떤 학생은 같은 색깔의 양말 6짝을 바로 집어내면 3켤레를 짝맞출 수 있지 않으냐 하면서 정답이 6이라고 생각할 수도 있습니다. 그러나 문제는 그렇게 간단하지 않습니다. 여기서 적어도 몇 번이라는 말은 있을 수 있는 모든 경우를 다 포함하여 꼭 그렇게 될 수 있는 제일 적은 횟수를 찾아내라는 것입니다.
만일 여러분이 꺼낸 6짝이 모두 다른 색깔이라면 3켤레는 고사하고 1켤레도 짝을 맞출 수 없지 않을까요?

| 풀이 | 6가지 색깔을 6개의 서랍이라고 생각해 봅시다. 그러면 서랍의 원리에 의해서 7짝만 꺼내면 적어도 2짝을 넣을 서랍이 1개 있다는 것, 다시 말해서 1켤레의 짝을 맞출 수 있음을 알 수 있습니다. 짝맞춘 1켤레를 내어 놓는다면 아직 양말이 5짝 남게 되는데 여기에다 또 2짝을 보충하면 7짝이 되므로 또 1켤레를 짝맞출 수 있습니다. 다시 또 2짝을 보충한다면 남은 1켤레마저 짝을 맞출 수 있습니다. 그러므로 적어도 $7+2+2=11$짝을 집어내면 양말 3켤레의 짝을 맞출 수 있습니다.

예제 08

만일 **예제 07**에서 각각 다른 색깔의 양말 3켤레로 짝을 맞춘다면 적어도 몇 짝을 끄집어내야 합니까?

| 풀이 | 제일 불리한 경우는 색깔이 같은 양말 20짝을 끄집어내는 것입니다. 이때 양말 1켤레의 짝을 맞출 수 있습니다. 이제 문제는 적어도 몇 짝을 끄집어내야 다른 색깔의 양말 1켤레 짝을 맞출 수 있는가 하는 것이 됩니다. 마찬가지로 제일 불리한 경우는 색깔이 같은 양말 40짝을 끄집어내는 것입니다. 이 때 또 양말 1켤레의 짝을 맞출 수 있습니다. 이렇게 되면 4가지 색깔의 양말이 남게 됩니다. 만일 4가지 색깔을 4개의 서랍이라 한다면 '서랍의 원리 1'에 의해 5짝만 집어내면 나머지 양말 1켤레의 짝을 맞출 수 있음을 알 수 있습니다.
그러므로 적어도 85짝을 집어내야 각각 다른 색깔의 양말 3켤레의 짝을 맞출 수 있습니다.

예제 09

만일 **예제 07**에서 같은 색깔의 양말 3켤레를 맞추려면 최소한 몇 짝 이상을 꺼내야 합니까?

| 풀이 | 6가지 색깔을 6개의 서랍이라고 생각합시다. 만일 어느 서랍에 적어도 6짝의 양말이 들어 있다면 같은 색깔의 양말 3켤레의 짝을 맞출 수 있습니다. '서랍의 원리 Ⅱ'의 계산식에 의하여

$$5 \times 6 + 1 = 31$$

그러므로 31짝만 집어내면 요구에 맞을 수 있습니다.

위의 3개 예제에서 색깔에 대한 요구만 다른데도 풀이가 엄청나게 달라진다는 것을 알 수 있습니다.

예제 09에서는 서랍 원리를 역으로 적용했습니다. 즉 어느 서랍에 물건을 적어도 몇 개 넣는가로부터 물건의 총수를 추리해 냈습니다. 역으로 원리를 적용하는 것도 효과적인 수학 방법의 하나입니다.

예제 10

50명의 학생에게 번호를 붙이고 아무렇게나 빙 둘러 앉혔을 때 인접한 5명의 학생의 번호의 합이 127보다 큰 경우를 반드시 찾을 수 있습니까? 그 이유를 설명하시오.

| 풀이 | 먼저 그림에서와 같이 빙 둘러앉히 후 임의의 학생으로부터 시작해서 차례로 A_1, A_2, A_3, …, A_{50}이라는 번호를 붙입시다. 그러면 A_1로부터 A_{50}까지의 번호의 합이 1275로 됩니다(등차수열

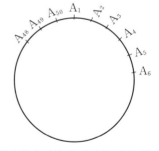

의 합의 공식에 의해 구함). 덧셈법칙에 이하여 이것을 써보면

$$(A_1 + A_2 + A_3 + A_4 + A_5) + (A_6 + A_7 + A_8 + A_9 + A_{10}) + \cdots + (A_{46} + A_{47} + A_{48} + A_{49} + A_{50}) = 1275 = 127 \times 10 + 5$$

'서랍의 원리 Ⅱ'에 의하여 이 10개 괄호 중 괄호 안의 5개 수의 합이 127보다 큰 경우가 적어도 1개 있음을 알 수 있습니다.

연습문제 22

01 길이가 100m인 곧게 뻗은 길 한쪽에 101그루의 나무를 심으려고 한다 면 어떻게 심어도 그루 사이 거리가 1m를 초과하지 않는 나무가 2그루 있게 됩니다. 왜 그렇습니까?

02 여름 방학 기간 한 달 동안에 영민이가 도서관에 35번 다녔다면 어느 하루는 반드시 2번 또는 그 이상 다녀왔다고 할 수 있습니다. 이렇게 말 하는 것이 맞습니까?

03 중국에서는 출생 시간 차가 4초를 초과하지 않는 사람을 적어도 2명 찾 을 수 있습니다. 이 결론이 정확합니까?(중국 인구는 13억으로 추산함)

04 이번 초등학교 학생 축구 시합에 12개 팀이 참가했습니다. 규정에 따르 면 시합은 리그전 방식으로 진행하는데 매번 시합에서 이긴 팀에게 1점 을, 진 팀에게 0점을 주기로 하였습니다. 그런데 시합 결과는 어느 팀도 전부 다 이기지 못했습니다. 그렇다면 동점인 팀이 적어도 2개 나타나 게 됩니다. 그 이유를 설명하시오.

05 정육면체의 각 면에 붉은색 또는 푸른색을 칠한다면(각 면에 한 색만 칠 함) 색깔이 같은 면이 적어도 몇 개 나타납니까?

06 10개 통에 43개의 탁구공을 넣으려고 한다면 적어도 몇 개 넣어야 할 통이 1개 있습니까?

07 130개의 장난감을 어린이 40명에게 나누어 준다면 적어도 몇 개 가질 어린이가 1명 있습니까?

08 과학적인 통계에 따르면 어느 누구도 머리카락이 20만개를 넘지 않는 다고 합니다. 1억명 중에 머리카락의 숫자가 같은 사람이 적어도 몇 명 있습니까?

09 어느 학급의 52명의 학생 각각이 세 가지 잡지 중의 어느 한 가지 또는 두 가지, 심지어 세 가지를 주문해 보고 있습니다. 그 중 같은 잡지를 주문한 학생이 적어도 몇 명 있습니까?

10 27명의 남녀 학생이 3행 9열로 대열을 만들었습니다. 남녀 학생수가 어떠하든지, 또 어떻게 대열을 만들든지 남학생과 여학생이 서 있는 순서가 같은 대열이 2열 나오게 됩니다. 그 이유를 설명하시오.

11 국어·수학·영어·과학 이 4가지 과목의 책들이 많이 있습니다. 만일 어두운 방안에 이 책들이 책장 속에 마구 섞여 있다면 적어도 몇 권을 꺼내야 그 중에 같은 과목의 책이 10권 있습니까?

12 1부터 36까지의 자연수를 빙 둘러 배열한다면 그 합이 56보다 큰 인접한 수 3개를 반드시 찾을 수 있습니다. 그 이유를 설명하시오.

13 검정색·흰색·노란색의 젓가락이 각각 4쌍씩 있습니다. 만일 이것들이 어두운 부엌안에 마구 뒤섞여 있다면 적어도 몇 짝을 취해야 색깔이 다른 젓가락 2쌍을 짝맞출 수 있습니까?

23 재미있는 논리 추리와 2인 대책

앞에서 푼 많은 문제들은 수 · 숫자 또는 도형에 관한 문제들이었습니다. 그러나 최근에는 조건과 결론에 문제 풀이에 사용되는 숫자 · 식 또는 도형이 주어지지 않는 문제들이 수학 경시 대회에 많이 나타나고 있습니다. 만일 이런 유형의 문제를 앞에서 배운 방법으로 풀려고 한다면 풀지 못하는 경우가 많습니다.

그러면 어떻게 해야 할까? 이런 유형의 문제에 부딪치면 문제를 올바르게 분석 · 연구한 기초 위에서 머리를 써서 문제의 핵심을 찾아내고 추리하는 방법으로 풀어야 합니다.

이것이 바로 이 장에서 소개하려는 논리 추리 문제입니다.

1. 간단한 추리 문제

사람들은 흔히 수학은 사고력을 단련하는 체조라고 말합니다. 아래에 구체적인 예제를 통해 간단한 논리 추리 문제를 푸는 방법을 소개하기로 합니다.

어떤 선생님이 학생들에게 이런 문제를 낸 적이 있습니다.

탁구공 하나가 A, B, C 세 통 중의 어느 한 통 속에 있는데 통 뚜껑에는 각각 한 마디 말이 적혀 있습니다.

　　　A통에 적혀 있는 말 : 탁구공이 A통에 있다.

　　　B통에 적혀 있는 말 : 탁구공이 B통에 없다.

　　　C통에 적혀 있는 말 : 탁구공이 A통에 없다.

이 세 마디 말 중에 어느 하나만이 정확하다고 하면 탁구공이 어느 통 속에 있습니까?

위의 문제에서 '세 마디 말 중에서 어느 하나만이 정확하다'고 한 말이 곧 문제 해결의 핵심입니다. A와 C통에 쓴 말은 서로 어긋나므로 그 중 어느 하나가 맞다고 할 수 있습니다. 다시 말해서 만일 A의 것이 맞다면 C의 것이 틀린 것이고, 반대로 만일 A의 것이 틀리다면 C의 것이 맞을 것입니다. 이리하여 B통의 말이 틀리다는 결론이 얻어집니다. 그러므로 탁구공은 B통 안에 있다고 할 수 있습니다.

여기에서 사용한 분석 방법이 바로 간단한 논리 추리(1개 또는 몇 개의 판단으로부터 다른 한 판단을 추리해 내는 사유 방식)입니다.

A, B, C, D 네 학생이 속셈 시합에 참가하게 되었는데, 선생님이 A, B, C 세 학생에게 득점 순서를 예측하라고 하였더니 이 세 학생은 각각 다음과 같이 말하였습니다.

　　A : C가 1등이고 B가 2등일 것입니다.

　　B : C가 2등이고 D가 3등일 것입니다.

　　C : D가 4등이고 A가 2등일 것입니다.

시합 후 각 학생의 예측이 절반씩 맞다는 것이 입증되었습니다. 그렇다면 네 학생의 순위는 어떻게 되었습니까?

| 분석 | '각 학생의 예측이 절반씩 맞다'라는 것을 실마리로 먼저 A가 말한 어느 순위가 정확하다고 가정한 후 한 걸음 한 걸음 추리해 나가면 됩니다.

| 풀이 | 각 학생의 예측이 절반씩 맞다 하므로 먼저 A의 예측, 즉 'C가 1등이다'가 맞는다고 가정합시다. 그렇게 되면 B의 첫 예측이 틀리고 두번째 예측, 즉 'D가 3등이다'가 맞는다고 할 수 있습니다. 계속하여 C의 두번째 예측, 즉 'A가 2등이다'가 맞는다는 결론이 얻어집니다. 마지막으로 B가 4등이라는 결론이 얻어집니다.

어떤 학생은 왜 A의 두번째 예측이 맞다고 가정하지 않는가 물을 것입니다. 사실 그렇게 가정하여도 무방합니다. 어디 시험해 볼까요?

먼저 A의 두번째 예측, 즉 'B가 2등이다'가 맞는다고 가정합시다. 그렇게 되면 B의 첫 예측이 틀리고 두번째 예측, 즉 'D가 3등이다'가 맞는다고 할 수 있습니다. 계속하여 C의 두번째 예측, 즉 'A가 2등이다'가 맞는다는 결론이 얻어집니다. 이는 앞의 가정, 즉 'A의 두번째 예측이 맞다'와 양립할 수 없습니다. 그러므로 A의 두번째 예측이 맞는다는 가정은 성립될 수 없습니다.

그러므로 이 네 학생의 순위는 C가 1등, A가 2등, D가 3등, B가 4등
이라고 할 수 있습니다.

이 예제에서와 같이 주어진 조건에 근거하여 먼저 가정을 한 다음 주어진
조건을 이용하여 정확한 결론이 얻어질 때까지 한 걸음 한 걸음 추리해 나갑
니다. 만일 이 가정으로부터 출발하여 양립할 수 없는 결론이 얻어진다면 이
는 가설이 성립되지 않고 그 반대가 성립된다는 것을 말해 줍니다.

예제 02

정태는 붉은색 연필 3자루와 푸른색 연필 3자루를 세 필통에 각
각 2자루씩 갈라 넣었는데, 첫째 필통에는 붉은색 연필 2자루
를, 둘째 필통에는 푸른색 연필 2자루를, 셋째 필통에는 붉은색
연필 1자루와 푸른색 연필 1자루를 넣었습니다. 그리고 나서 필
통 뚜껑에 어떤 연필이 들어 있다고 틀리게 써 놓았습니다.
이제 어느 필통에서 연필 1자루를 꺼낸 다음(남은 연필의 색깔
을 보지 않고) 이 세 필통에 어떤 연필이 들어 있다는 것을 알아
낼 수 없습니까?

| 분석 | 세 필통에 씌어진 것이 다 틀리다 하므로 '붉은색 연필 1자루와 푸
른색 연필 1자루' 라고 쓴 필통에서 임의로 연필 1자루를 꺼낸 다
음 추리를 해봅시다.

| 풀이 | 먼저 '붉은색 연필 1자루와 푸른색 연필 1자루' 라고 쓴 필통에
서 임의로 연필 1자루를 꺼냅시다. 이 필통의 연필은 반드시
같은 색이기 때문에 만일 붉은색 연필을 꺼냈다면 이 필통의
것은 붉은색 연필 2자루라는 결론이 얻어집니다. 따라서 푸른
색 연필 2자루라고 쓴 필통에는 반드시 다른 색의 연필 2자루
가 들어 있다고 단정할 수 있습니다(왜냐하면 이 필통에는 같
은 색의 연필이 들어 있을 수 없기 때문입니다). 나중에 붉은색
연필 2자루라고 쓴 필통에는 푸른색 연필 2자루가 들어 있다는
결론을 내릴 수 있습니다.
만일 꺼낸 것이 푸른색 연필이라면 어떻게 해야 할까? 스스로
대답해 봅니다.

예제 03

1990명 중에 거짓말하는 사람이 적어도 1명 있고, 또 이 1990명에서 임의로 두 사람을 뽑았을 때 그 중에 거짓말 안 하는 사람이 언제나 1명 있다면 거짓말 안 하는 사람은 몇 명이고 거짓말하는 사람은 몇 명입니까?

| 분석 | 주어진 조건 중의 '거짓말하는 사람이 적어도 1명 있다' 와 '임의로 두 사람을 뽑았을 때 그 중에 거짓말 안 하는 사람이 언제나 1명 있다' 로부터 착안하여 추리할 수 있습니다. 만일 거짓말하는 사람이 2명 또는 2명 이상이라면 어떻게 추리해야 합니까?

| 풀이 | 생략함

예제 04

A, B, C, D, E의 5가지 상품을 파는 가게가 있는데, 가게 주인은 다음과 같은 5가지 조건을 내걸고 이를 지키는 손님에게만 상품을 팔았습니다.
　　① A를 사려면 B도 사야 한다.
　　② D와 E 중에서 적어도 한 가지를 사야 한다.
　　③ B와 C 중에서 한 가지밖에 살 수 없다.
　　④ C와 D를 사려면 둘 다 사야 한다.
　　⑤ E를 사려면 A와 D도 반드시 사야 한다.
총명한 손님 한 분이 가게 주인의 뜻을 알아차리고 물건을 사가지고 나왔습니다. 이 손님은 어떤 물건을 샀습니까?

| 분석 | 이 5가지 조건 중에서 ③, 즉 'B와 C 중에서 한 가지밖에 살 수 없다' 를 실마리로 삼아 먼저 B(또는 C)를 샀다고 가정하고 추리해 나갑시다.

| 풀이 | 조건 ③을 보고 B를 샀다고 가정하면 C는 틀림없이 사지 않았을 것입니다. 그렇게 되면 ④에 의해 D도 사지 않았을 것입니다. 따라서 ②에 의하여 E를 샀다는 결론이 얻어집니다. 또, ⑤에 의하여 A와 D도 샀다는 결론이 얻어집니다(이 결론은 앞의

조건 ④와 양립할 수 없습니다).

그러므로 B를 산 것이 아니라 C를 샀다고 할 수 있습니다. 따라서 ④에 의하여 D를 샀고, ①에 의하여 A와 B를 사지 않았으며, ⑤에 의해 E도 사지 않았다는 결론이 얻어집니다.

이상의 결론을 종합하여 보면 손님이 C와 D를 샀다는 것을 알 수 있습니다.

2. 논리 추리와 도표법

앞에서 몇 개의 간단한 논리 추리 문제를 풀었습니다.

이런 유형의 문제는 일정한 형식이 없고, 풀이법도 고정적인 식이 없으며, 문제에 수량 관계가 주어지지 않거나 적게 주어지므로 많은 계산을 필요로 하지 않는 장점이 있습니다. 그러나 엄밀한 논리 추리에 의하여 결과를 판단하고 나중에 결론을 얻어야 합니다. 다시 말해서 문제에 주어진 조건과 결론을 깊이 이해하고 사고·분석을 바르게 하여 문제의 핵심을 찾아내고, 조건에 근거하여 정확한 추리와 논증을 거쳐 문제의 답을 얻어내야 합니다.

많은 논리 추리 문제는 도표 등 보조 수단을 이용하면 문제에 관련된 각 조건을 질서있게 배열하고 비교할 수 있으며, 주어진 조건들 상호간의 관계와 숨겨진 조건을 발견할 수 있고, 분석·사유 과정을 보다 조리있게 할 수 있습니다. 따라서 문제 풀이 과정이 간단 명료해지고 직관적일 수 있습니다.

예제 05

A·B·C·D·E 다섯 사람이 경시 대회에 참가하기 전에 시합 결과를 다음과 같이 예측했습니다.

A : B가 5등, C가 2등일 것입니다.

B : 내가 3등, D가 1등일 것입니다.

C : A가 1등, E가 4등일 것입니다.

D : C가 3등, 내가 4등일 것입니다.

E : B가 2등, 내가 5등일 것입니다.

시합한 결과 그들의 예측이 절반씩 맞다는 것이 입증되었습니다. 그들의 순위를 배열해 보시오.

| 풀이 | 먼저 문제에 주어진 조건을 도표에 적어 넣읍시다. 표를 보면 A의 순위를 C밖에 예측하지 않았으므로 A가 1등이라는 결론을 얻을 수 있습니다. 따라서 D가 4등, E가 5등이라는 것을 알 수 있습니다. 이렇게 되면 A의 예측, 즉 'B가 5등이다'가 틀리다는 결론이 얻어집니다. 그러므로 C가 2등, B가 3등이라고 할 수 있습니다.

	A	B	C	D	E
A의 예측		5	2		
B의 예측		3		1	
C의 예측	1				4
D의 예측			3	4	
E의 예측		2			5

위의 예제를 통하여 바르게 분석하고 돌파구를 찾기만 하면 정답을 재빨리 찾아낼 수 있다는 것을 알 수 있습니다.

예제 06

A, B, C, D 네 형제가 장난을 하다가 어느 아이의 부주의로 꽃병을 깨뜨렸습니다. 화가 난 아버지께서 누가 한 짓이냐고 묻자 네 아이는 다음과 같이 대답하였습니다.

A : B가 깨뜨렸어요.

B : D가 깨뜨렸어요.

C : 내가 깨뜨리지 않았어요.

D : B가 거짓말하고 있어요.

사실 바른말을 한 아이는 한 명밖에 없습니다. 꽃병을 누가 깨뜨렸습니까?

| 풀이 | 네 형제가 한 말을 다음 표에 적어 넣읍시다.

표에서 화살표(←)는 꽃병을 깨뜨린 아이를 가리킵니다.

표를 분석해 보면 꽃병을 깨뜨린 아이가 C임을 알 수 있습니다. 왜냐하면 C가 아니라면 두 사람(또는 세 사람)이 바른말을 한 것으로 되기 때문입니다.

	A의 대답	B의 대답	C의 대답	D의 대답
A			←	←
B	←		←	←
C				←
D		←	←	

A, B, C, D 네 학생이 100m 달리기를 앞두고 누가 1등할 것인가에 대하여 예측을 했습니다.

  A : 제가 1등할 것입니다.

  B : A나 C가 1등하지 못할 것입니다.

  C : A나 B 중에서 1등이 나올 것입니다.

  D : B가 1등할 것입니다.

시합 결과는 두 학생의 예측이 맞다는 것을 입증해 주었습니다. 그렇다면 누가 1등을 했습니까?

| 풀이 | 여전히 표를 이용하여 분석해 봅시다. 표에서 'ㅇ'는 1등임을 표시하고 'ㅡ'는 1등이 아님을 표시합니다.

네 학생의 예측을 표에 적어 넣은 후 살펴보면 A만이 조건에 맞는다는 것을 알 수 있습니다. 그러므로 A가 1등을 했다는 결론을 얻을 수 있습니다.

	A	B	C	D
A의 예측	∨	×	×	×
B의 예측	×	∨	×	∨
C의 예측	∨	∨	×	×
D의 예측	×	∨	×	×

논리 추리 문제를 풀 때 그림을 이용하여도 정답을 구하는 데 도움이 많이 됩니다.

예제 08

A, B, C, D, E 다섯 학생이 리그전 형식으로 장기 시합을 하고 있습니다. 지금까지 A, B, C, D가 각각 4, 3, 2, 1판씩 두었다면 E는 이미 몇 판을 두었습니까?

| 풀이 | 5개 점으로 5명의 학생을 표시하고 두 학생이 시합을 했다면 선으로 연결합시다. 주어진 조건에 의하여 A는 B, C, D, E와 연결하고 D가 1판밖에 두

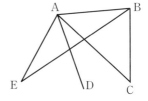

지 않았으므로 B는 C, E와 연결해야 합니다. 이때 C는 이미 A, B와 연결하였으므로 D, E와 연결할 수 없습니다. 그림에서 E와 연결된 선을 세어 보면 E가 2판을 두었음을 알 수 있습니다.

위의 문제를 매거법으로 풀어 보시오.

3. 간단한 대책 문제

고대 중국의 '제나라 왕과 전기(제나라 대신의 이름)의 경마(競馬)'라는 재미있는 이야기가 전해지고 있습니다.

하루는 제나라 왕이 전기를 보고 경마로 내기를 하자고 했습니다. 규정에 따르면 각자의 상등말, 중등말, 하등말 중에서 각각 한 필씩 골라 경마를 하는데 한 번 지면 황금 1천냥을 내어서 이긴 사람에게 주기로 하였습니다.

당시, 같은 등급의 말을 비교해 보면 왕의 말이 전기의 말보다 좋았기 때문에 모두가 이번에는 전기가 황금 3천냥을 틀림없이 내놓게 되었구나 하고 생각하였습니다. 경마를 앞두고 전기의 친구들이 도와서 좋은 계략을 생각해 냈습니다. 그것은, 전기에게 하등말을 가지고 왕의 상등말과 시합하고, 상등말을 가지고 왕의 중등말과 시합하고, 중등말을 가지고 왕의 하등말과 시합하라는 것이었습니다. 그래서 전기는 황금 3천냥을 잃지 않았을 뿐만 아니라 도리어 황금 1천냥을 벌게 되었습니다.

이 이야기는 시합 같은 것을 할 때 올바르게 분석·연구를 하여 되도록 좋은 대책을 찾아내야 좋은 결과를 얻을 수 있다는 것을 말해 줍니다.

다음에 몇 개 유형의 문제에서 상대편을 이길 수 있는 대책을 찾아보기로 합시다.

(1) '숫자 부르기'의 대책

'숫자 부르기'는 수학 놀이의 일종으로서 '부르는 수'가 확정되어 있고 확정된 규칙이 있습니다. 상대편을 이기는 대책을 세울 때 규정에 따라 사고·분석하고 규칙성을 찾아내어 되도록 좋은 대책을 세워야 합니다.

예제 09

두 사람이 번갈아 숫자를 부르는데, 각 사람이 매번 1개 또는 2개 수만을 부를 수 있고 또 반드시 불러야 합니다. 예를 들면 갑이 1, 2라고 부르면 을은 3 또는 3, 4라고 부를 수 있습니다. 이렇게 연속 부르다가 누가 21을 부르면 지는 것으로 됩니다. 상대편을 이기려면 어떤 대책을 세워야 합니까?

| 분석 | '역추리법'을 써봅시다. '누가 21을 부르면 지는 것으로 된다'고 하므로 이기려면 자기가 20을 부르고 상대편이 21을 부르게 해야 합니다. 그러면 어떻게 해야 20을 부를 수 있을까?

한 걸음 더 거슬러 올라가면 상대편이 18 또는 18, 19를 부르게 하기 위하여 자기가 17을 불러야 한다는 것을 알 수 있습니다.

같은 이치로 자기가 불러야 할 수가 20, 17, 14, 11, 8, 5임을 알 수 있습니다. 이 밖에 자기가 먼저 부를 수 있는 권리를 가지고 한 번에 1, 2를 부른 다음 계속 이 수만 부르면 상대편을 이길 수 있다는 것을 알 수 있습니다.

| 풀이 | 이길 수 있는 대책

① 되도록 먼저 부를 수 있는 권리를 얻은 다음 차례로 2, 5, 8, 11, 14, 17, 20의 수만 부르면 이길 수 있습니다.

② 상대편에게 먼저 부를 권리가 있으나 아직 이기는 방법을 모를 때는 기회를 보아서 이들 수 중 하나만 차지하면 이길 수 있습니다.

주 2, 5, 8, 11, 14, 17, 20을 살펴보면 이 수들을 다 3으로 나누면 나머지가 2가 나오는 수임을 발견할 수 있습니다. 그러므로 먼저 부르는 사람은 처음에 1, 2를 부른 후 다음부터 자기가 부르는 수의 개수와 뒤에 부르는 사람이 부른 수의 개수의 합이 3이 되도록 하면 반드시 이길 수 있습니다.

이는 나머지 지식을 '숫자 부르기'에 적용한 결과입니다.

예제 10

두 사람이 번갈아 수를 부르는데, 매번마다 1개나 2개, 많게는 3개 수를 부를 수 있습니다. 이렇게 연속으로 부르다가 누가 100을 부르면 이기는 것으로 됩니다. 이기는 방법은 무엇입니까?

| 풀이 | $100 \div (3+1) = 25$(나머지 0)이기 때문에 뒤에 부르는 사람에게 이기는 방법이 있습니다. 즉 매번마다 부르는 수의 개수와 먼저 부르는 사람이 부른 수의 개수의 합이 4가 되도록 하면 됩니다(이때 이 수는 4, 8, 12, …, 100임). 만일 뒤에 부르는 사람이 이 방법을 알지 못한다면 먼저 부르는 사람은 상대편의 실수를 이용하여 이 수를 차지하면 이길 수 있습니다.

예제 11

1111은 '지는 수'입니다. 누군가 이 수를 부르면 지는 것이 됩니다. 두 사람이 1부터 시작하여 수를 부르는데, 매번 1개 또는 2개만 부를 수 있습니다. 먼저 부르는 사람이 이깁니까? 아니면 나중에 부르는 사람이 이깁니까?

| 풀이 | 상대편을 이기려면 먼저 1110을 불러야 합니다.

$1110 \div 3 = 370$(나머지가 0)이기 때문에 뒤에 부르는 사람은 먼저 부르는 사람이 1개를 부르면 2개를 부르고, 2개를 부르면 1개를 불러야 이길 수 있습니다.

(2) '성냥개비 가져가기'의 대책

'성냥개비 가져가기' 역시 수학 방법 문제의 일종입니다.

놀이에 참가하는 쌍방은 번갈아 몇 더미의 성냥개비 중 임의의 더미에서 임의로 한 개비나 몇 개비 또는 더미 전체를 가지는데, 매번 어느 한 더미에서밖에 성냥개비를 가질 수 없습니다. 이렇게 가지다가 누가 마지막 더미 중의 마지막 한 개비 또는 몇 개비를 가지게 되면 이긴 것(또는 진 것)으로 됩니다.

그렇다면 이 놀이에서 어떤 방법을 취해야 이길 수 있습니까? 다음 예제를 보기로 합시다.

예제 12

성냥개비 두 더미가 있는데, 한 더미에는 10개비, 다른 한 더미에는 7개비가 있습니다. 한 번 집을 때 오직 한 더미에서만 1개 이상 집을 수 있습니다. 누가 마지막으로 한 더미의 1개비 또는 몇 개비를 가진다면 이기는 것으로 됩니다. 이길 수 있는 대책은 무엇입니까?

| 분석 | 역추리법으로 분석해 봅시다. 분석을 편리하게 하기 위하여 두 더미에 각각 1개씩 있는 경우를 (1, 1)로 표시합니다.

이 때 상대편에게 먼저 가지게 하면 이길 수 있습니다.

만일 (1, 1) 전의 형태가 (1, 2)라면 2개비가 있는 더미에서 1개비를 가져 (1, 1)의 형태를 만들어 상대편에게 가지게 해야 합니다. 만일 (2, 2)의 형태가 되었다면 상대편에게 먼저 가지게 하고 대처해야 합니다.

① 상대편이 한 더미에서 1개비 가졌다면 여러분은 다른 한 더미에서 1개비를 가져야 합니다.

② 상대편이 한 더미의 2개비를 다 가졌다면 여러분도 다른 한 더미의 2개비를 가지면 이길 수 있습니다.

만일 (2, 3)의 형태라면 여러분이 먼저 가져 (2, 2)의 형태를 만든 다음 상대편에게 가지게 해야 합니다. 이로부터 두 더미의 개비수가 같은 형태(예 (1, 1) (2, 2), (3, 3) 등)를 만든 다음 상대편에게 가지게 해야 여러분이 이길 수 있다는 것을 알 수 있습니다. 이렇게 되면 이길 수 있는 방법을 찾은 셈입니다.

| 풀이 | **이길 수 있는 대책**

① 여러분이 먼저 가질 수 있는 권리를 가진 다음, 10개비가 있는 더미에서 단번에 3개비를 가져 (7, 7)의 형태를 만들어야 합니다. 그 후부터는 상대편이 한 더미에서 몇 개비를 가지면 여러분도 다른 한 더미에서 똑같은 개수의 성냥개비를 가져야 합니다.

② 만일 상대편이 먼저 가질 수 있는 권리를 가졌으나 이기는 방법을 모른다면 기회를 보아서 상대편에게 두 더미의 개비 수가 같은 형태를 만들어 주어야 지지 않을 수 있습니다.

예제 13

성냥개비가 세 더미 있는데, 첫째 더미에는 1개비, 둘째 더미에는 2개비, 셋째 더미에는 3개비가 있습니다. 만일 누가 마지막 한 더미에서 1개비 또는 몇 개비를 가져야 이기는 것으로 된다면 이기는 방법은 무엇입니까?

| 분석 | 예제 12를 통하여 여러분이 가진 후 두 더미의 개비수가 같은 상태를 만들어 상대편에게 가지게 하면 이길 수 있다는 것을 알 수 있습니다. 그렇다면 어떻게 해야 목적을 달성할 수 있을까? 가령 여러분이 먼저 가지게 되었다면

① 첫째 더미의 1개비를 가지지 말아야 합니다. 그렇게 하지 않으면 상대편이 셋째 더미에서 1개비를 가지면 여러분은 (0, 2, 2), 즉 (2, 2)의 불리한 상태에 놓이게 됩니다.

② 둘째 더미에서 1개비를 가지지 말아야 합니다. 그렇지 않으면 상대편이 셋째 더미의 것을 모두 가져가 여러분에게 (1, 1, 0)이란 불리한 상황을 남겨 주게 됩니다.

③ 둘째 더미를 모두 가져도 안 됩니다. 그렇지 않으면 상대편이 셋째 더미에서 2개비를 가져 여러분에게 (1, 0, 1)이란 불리한 상황을 남겨 주게 됩니다.

④ 셋째 더미에서 1개비나 2개비 또는 전부를 가지는 것도 여러분에게 불리합니다.

① ~ ④를 종합해 보면 되도록 나중에 가지는 권리를 얻어 상대편에게 개비수가 같은 두 더미를 남겨 주어야 한다는 것을 알 수 있습니다.

이기는 방법

① 상대편에게 먼저 가지게 해야 합니다. 여러분이 가진 후 상
대편에게 개비 수가 같은 두 더미를 남겨 주어야 합니다. 그
런 다음 **예제 12**의 방법대로 하면 반드시 이길 수 있습니다.

② 상대편이 먼저 가지려 하지 않고 또 방법을 모른다면 기회
를 보아서 상대편에게 개비 수가 같은 두 더미를 남겨 주어
야 합니다.

(3) 기 타

예제 14

다음 그림은 아홉 개의 판인데, 노는 방법은 이렇습니다. 두 사
람이 각각 말 3개씩을 준비한 다음 번
갈아 가면서 말을 하나하나 판에 놓습
니다. 이것이 끝나면 번갈아 가면서
말을 이웃한 곳에 옮길 수 있으나 사
선 방향으로는 옮길 수 없습니다. 이
러다가 누군가 먼저 말을 일직선상으
로 배열하면 이긴 것으로 됩니다. 이기는 방법은 무엇입니까?

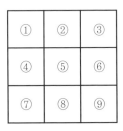

| 분석 | 그림에서 누군가 가운데 판을 점령하면 주도권을 장악하게 된다는
것을 알 수 있습니다. 왜냐하면 말 3개를 일직선상으로 배열하려면
반드시 이곳을 점령해야 하기 때문입니다. 그러므로 되도록 먼저
놓는 권리를 얻어야 합니다.

| 풀이 | 설명의 편리상 9개의 곳에 번호를 매깁시다. 먼저 놓을 권리를
얻었다면 첫 말은 ⑤에 놓아야 합니다. 그 다음,

⑴ 만일 상대편이 ①을 차지했다면 여러분은 ⑧을 차지하여 상
대편이 ②를 차지하게 해야 합니다. 뒤이어 ③을 차지하여
상대편이 ⑦을 차지하게 한 다음 ⑤, ⑧의 말을 각각 ⑥, ⑨
에 옮기면 이기게 됩니다.

⑵ 만일 상대편이 ②를 차지했다면 여러분은 ⑨를 차지하여 상
대편이 ①을 차지하게 하고 ③을 차지해야 합니다. 그런 다
음 상대편이 ⑥을 차지하게 하고 ⑨의 말을 ⑧로 옮긴 후 상
대편이 말을 옮기기를 기다렸다가 ⑧의 말을 ⑦로 옮기면

이기게 됩니다.

만일 상대편에게 먼저 놓을 권리가 있다면 기회를 보아서 ⑤를 차지한 다음 위의 방법을 사용하면 이길 수 있습니다.

예제 15

칠판에 1989개의 수, 즉 2, 3, 4, …, 1990이 적혀 있습니다. 갑이 먼저 그 중의 한 수를 지운 다음 을이 다른 한 수를 지우는 식으로 번갈아 가면서 지웁니다. 만일 마지막에 서로소인 두 수가 남으면 갑이 이긴 것으로, 서로소가 아닌 두 수가 남으면 을이 이긴 것으로 합니다. 만약 여러분이 이 내기를 하게 되었다면 갑이 되는 것이 좋습니까 아니면 을이 되는 것이 좋습니까?

| 풀이 | 갑에게 이기는 방법이 있으므로 갑이 되는 것이 좋습니다. 그 이유는 다음과 같습니다.

2, 3, 4, …, 1990의 1989개 수 중에는 짝수가 995개, 홀수가 994개 있습니다. 갑이 먼저 짝수 2를 지웠을 때 만일 을이 홀수를 지운다면 갑은 을이 지운 수 바로 뒤의 짝수를 지워야 합니다. 만일 을이 어느 짝수를 지운다면 갑은 을이 지운 수 바로 앞의 홀수를 지워야 합니다. 이렇게 번갈아 지워 내려간다면 993번 지운 후 이웃한 한 홀수와 한 짝수가 남게 됩니다.

이 두 수가 서로소이므로 갑이 이긴 것으로 됩니다.

예제 16

아홉 구역으로 된 판과 각 구역의 크기와 똑같은 9개의 카드가 있는데 카드마다 1~9 중의 어느 한 수가 적혀 있습니다.

갑, 을 두 사람이 놀이를 하는데 번갈아 가면서 카드 1개씩을 9개 구역 중 어느 구역에나 놓을 수 있습니다. 갑에 한해서는 위, 아래 두 가로줄의 6개 숫자의 합을 계산하고, 을에 한해서는 왼쪽, 오른쪽 두 세로줄의 6개 숫자의 합을 계산하는데, 합이 많은 사람이 이긴 것으로 됩니다. 갑이 먼저 카드를 골라 놓는다면 이길 수 있다는 이치를 설명하시오.

| 풀이 | 그림에서 네 모서리에 놓인 카드 위의 수 a, b, c, d는 두 사람의 계산에 다 들어가므로 합을 비교할 때는 고려하지 않아도 됩니다. 가운데 판의 수는 계산에 들어가지 않으므로 그림에 밝히지 않았습니다.

그리하여 x_1+x_2와 y_1+y_2의 크기만 비교하면 됩니다. 갑이 먼저 9가 적힌 카드를 골라 x_1(또는 x_2)에 놓는다면 을은 부득이하게 다음으로 큰 수 8이 적힌 카드를 y_1(또는 y_2)에 놓을 수밖에 없습니다. 다음 갑은 7이 적힌 카드를 x_2(또는 x_1)에 놓아야 합니다.

이렇게 되면 을이 나머지 카드 중 어느 것을 골라 y_2(또는 y_1)에 놓든지 $y_1+y_2 < x_1+x_2 = 16$이 성립됩니다.

그러므로 갑이 이긴 것으로 됩니다.

a	x_1	b
y_1		y_2
c	x_2	d

위의 몇 개 예제로부터 두 사람의 놀이 방법 중의 어떤 문제는 수학 지식을 적용해야 이기는 방법을 찾을 수 있음을 알 수 있습니다. 그렇지 않고 무턱대고 시합한다면 이기는 방법을 찾기 어렵습니다.

01 A, B, C 3개 축구팀 사이에 리그전(경기에 참가한 팀이 한 번씩 다른 모든 팀과 경기를 갖게 되는 경기 대전 방식)에 의해 경기가 세 번 있었습니다. 다음 표에 제공한 수치에 근거하여 빈칸에 적당한 수를 써넣으시오.

	이김	짐	비김	골을 넣은 개수	골을 허용한 개수
A	2			6	
B	1	1		4	4
C				2	6

02 갑, 을, 병 세 선생님이 각각 A, B, C 세 학교에서 수학, 국어, 영어를 가르치고 있습니다.

> (1) 갑은 A학교에서 가르치지 않습니다.
> (2) 을은 B학교에서 가르치지 않습니다.
> (3) A학교에 있는 선생님은 국어를 가르치지 않습니다.
> (4) B학교에 있는 선생님은 수학을 가르칩니다.
> (5) 을은 영어를 가르치지 않습니다.

위의 상황에 근거하여 세 선생님이 각각 어느 학교에 있으며 무슨 과목을 가르치고 있는지를 말하시오.

03 A, B, C 세 사람을 바른말만 하는 유형과 거짓말만 하는 유형으로 나눌 수 있습니다. A는 B와 C가 거짓말만 한다고 말했으나 B는 A의 말을 부인했고 C도 B가 거짓말만 한다고 말했습니다. A, B, C 세 사람 중 바른말을 하는 사람은 누구입니까?

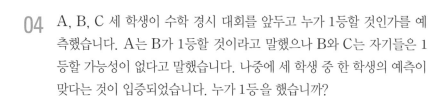

04   A, B, C 세 학생이 수학 경시 대회를 앞두고 누가 1등할 것인가를 예측했습니다. A는 B가 1등할 것이라고 말했으나 B와 C는 자기들은 1등할 가능성이 없다고 말했습니다. 나중에 세 학생 중 한 학생의 예측이 맞다는 것이 입증되었습니다. 누가 1등을 했습니까?

05   수학, 국어, 지리, 체육 네 과목을 김, 이, 박, 최 네 선생님이 가르쳐야 했습니다. 그런데 김 선생님은 국어와 지리를, 이 선생님은 수학과 체육을, 박 선생님은 수학, 국어, 지리를, 최 선생님은 지리 한 과목만 가르칠 수 있다고 합니다. 네 선생님이 다 특징을 발휘할 수 있게 하려면 누구에게 수학을 맡겨야 합니까?

06   갑, 을, 병 세 사람이 광석 한 덩어리를 놓고 나름대로 판단을 했습니다.

> 갑 : 철도 아니고 구리도 아닙니다.
> 을 : 철이 아니라 주석입니다.
> 병 : 주석이 아니라 철입니다.

화학 분석을 거쳐 그 중 한 사람의 판단이 완전히 맞고 다른 한 사람의 판단이 절반 맞으며 나중의 한 사람의 판단은 완전히 틀렸다는 것이 입증되었습니다. 그렇다면 이 광석은 도대체 무슨 광석입니까?

07 두 사람이 번갈아 가면서 '숫자 부르기'를 하는데 한 번에 1개, 2개, 3개 또는 4개까지 부를 수 있다고 합니다. 그러다가 누가 39를 부르면 진 것으로 됩니다. 어떻게 해야 이길 수 있습니까?

08 갑, 을 두 사람이 '숫자 부르기'를 하는데 한 번에 적게는 1개, 많게는 5개까지 부를 수 있다고 합니다. 그러다가 누가 1991을 부르면 진 것으로 됩니다. 먼저 부르는 사람이 첫번에 몇 개의 수를 불러야 이길 수 있습니까?

09 성냥개비 두 더미가 있는데 첫째 더미에 6개비, 둘째 더미에 9개비가 있습니다. 두 사람이 번갈아 가면서 가지되 두 더미 중 어느 한 더미에서 1개나 몇 개 또는 더미째로 가져야 합니다. 그러다가 누가 마지막 한 더미에서 마지막 1개 또는 몇 개를 가지면 이긴 것으로 됩니다. 이기는 방법은 무엇입니까?

10 성냥개비 세 더미가 있는데 첫째 더미에 1개비, 둘째 더미에 4개비, 셋째 더미에 6개비가 있습니다. 두 사람이 번갈아 가면서 세 더미 중 임의의 한 더미에서 1개비나 몇 개비 또는 더미째로 가질 수 있는데 마지막한 더미에서 마지막 1개비 또는 몇 개비를 가지면 이기는 것으로 됩니다. 이기는 방법은 무엇입니까?

11 9개의 바둑알이 한 줄로 배열되어 있습니다. 두 사람이 번갈아 가면서 바둑알을 취하는데, 첫번에는 1개나 인접한 2개 또는 3개밖에 취할 수 없습니다. 다음 번부터는 인접한 바둑알 중에서 1개나 몇 개 또는 단독으로 있는 1개를 취할 수 있습니다. 그러다가 누가 마지막 1개나 인접한 몇 개를 취하면 이긴 것으로 됩니다. 이기는 방법은 무엇입니까?

12 1990개의 빈칸이 한 줄로 배열되어 있습니다. 첫 칸에 말이 하나 놓여 있는데 한 번에 1, 2, 3 또는 4개 칸까지 쓸 수 있습니다. 두 사람이 번갈아 가면서 말을 쓰는데 마지막 한 칸에 먼저 이르는 사람이 이긴 것으로 됩니다. 그렇다면 먼저 쓰는 사람이 이길 수 있습니까 아니면 나중에 쓰는 사람이 이길 수 있습니까? 또 어떻게 말을 써야 합니까?

13 두 사람이 번갈아 가면서 수를 부르는데 10을 초과하여 불러도 안 되고 0미만을 불러도 안 됩니다. 이렇게 부르다가 부른 수들을 하나하나 더하여 먼저 100에 도달하면 이긴 것으로 됩니다. 어떻게 해야 먼저 100에 도달할 수 있습니까?

14 갑, 을 두 사람이 번갈아 가면서 칠판에 10을 초과하지 않는 자연수를 쓰는데 칠판에 이미 쓴 수의 약수를 쓰면 안 됩니다. 그러다가 누군가가 더 이상 쓸 수 없게 되면 지는 것으로 됩니다. 만일 갑이 먼저 쓴다고 하면 누가 반드시 이길 수 있습니까?

15 칠판에 2, 3, 4, …, 1991의 수가 씌어 있는데 갑이 먼저 그 중의 한 수를 지워버린 후 을이 다른 한 수를 지우게 되어 있습니다. 이렇게 번갈아 가면서 지우다가 남은 두 수가 서로소이면 갑이 이긴 것으로, 서로소가 아니면 을이 이긴 것으로 됩니다. 이 게임을 하게 된다면 갑이 되는 것이 좋습니까 아니면 을이 되는 것이 좋습니까?

24 순열과 조합

일상 생활에서 다음과 같은 문제에 부딪칠 때가 있습니다.

6명의 어린이가 두 조로 나뉘어 놀이를 할 때, 3명을 한 조로 하는 방법은 몇 가지가 있을까? 4명의 어린이가 공원에 가서 사진을 찍을 때 한 줄로 세우는 방법은 몇 가지가 있을까?

이러한 문제를 재빠르고도 정확하게 대답하려면 순열과 조합에 관한 지식을 배워야 합니다.

1. 덧셈 원리와 곱셈 원리

> **예제 01**
>
> A시에서 B시로 가려면 기차를 타도 되고 버스를 타도 됩니다. 그런데 하루에 기차는 2번, 버스는 4번 다닌다고 합니다. 그렇다면 A시에서 B시로 가는 데 하루에 몇 가지의 다른 방법이 있습니까?

| 풀이 | 각기 다른 차를 타는 것을 각기 다른 방법이라고 합시다. 그렇다면 기차를 타는 데는 하루에 2가지의 다른 방법이 있고, 버스를 타는 데는 하루에 4가지의 다른 방법이 있다고 할 수 있습니다. 따라서

$$2+4=6(가지)$$

모두 6가지의 다른 방법이 있습니다.

(1) 합의 법칙

어떤 '일'을 완성하는 데 2가지(또는 3가지, 4가지, …) 경우가 있다면 이 일을 완성하는 방법의 가짓수는 각 경우의 수의 합과 같습니다.

예제 01에서 '일'이란 'A시에서 B시로 가는 것'이고 이 '일'을 완성하는

데 두 가지 경우가 있습니다. 즉 첫째 경우는 기차를 타는 것으로 2가지 방법이 있고, 둘째 경우는 버스를 타는 것으로 4가지 방법이 있습니다.

예제 02

A시에서 B시로 가려면 반드시 C시를 지나야 합니다. 그런데 A에서 C로 가는 데는 2갈래 길이 있고 C에서 B로 가는 데는 3갈래 길이 있습니다(그림 참조). A시에서 차를 몰아 B시로 가려면 몇 갈래의 다른 노선을 택할 수 있습니까?

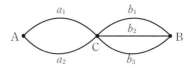

| 풀이 | A에서 B로 가려면 먼저 C에 도착한 후 B로 가야 합니다.

A에서 출발하여 a_1 도로를 따라 C에 도착한 후 B로 가려면 b_1, b_2, b_3의 3갈래 노선을 택할 수 있고, A에서 출발하여 a_2 도로를 따라 C에 도착한 후 B로 가려면 역시 3갈래의 다른 노선을 택할 수 있습니다. 따라서 2가지 경우에 각각 3갈래의 다른 노선이 있음을 알 수 있습니다. 즉

$$3 \times 2 = 6(갈래)$$

6갈래의 다른 노선을 택할 수 있습니다.

이상의 분석으로부터 'A에서 B로 가는'이 '일'을 두 가지 단계로 나누어 완성할 수 있음을 알 수 있습니다. 첫째 단계는 A에서 C로 가는 것으로 2가지의 다른 방법을 택할 수 있습니다. 이로부터 다음의 수학 원리를 귀납해 낼 수 있습니다.

(2) 곱의 법칙

만일 어떤 '일'을 몇 개 단계로 나누어야 완성할 수 있다면 이 일을 완성하는 방법의 가짓수는 각 단계를 완성하는 방법의 수의 곱과 같습니다.

위의 원리에서 말하는 '경우'와 '단계'의 다른 점을 이해하는 것은 합의 법칙과 곱의 법칙을 정확하게 적용하느냐 하는 문제가 됩니다.

10명의 바둑 선수가 리그전(전체 참가한 팀이 한 번씩 다른 모든 팀과 경기를 갖게 되는 시합 대전 방식)에 의하여 시합한다면 경기가 모두 몇 번 있게 됩니까?

| 풀이 | 한 선수가 다른 한 선수와 한 번씩 겨루게 되면 시합이란 이 '일'을 완성한 것이 됩니다. 따라서 시합을 다음의 9가지 경우로 나누어 완성할 수 있습니다.

첫째 경우 : 1번 선수는 다른 9명 선수와 각각 한 번씩 겨룬 후 시합에서 물러나게 됩니다. 그래서 이 경우에는 경기가 9번 있게 됩니다.

둘째 경우 : 2번 선수는 자기와 1번 선수를 제외한 8명 선수와 각각 한 번씩 겨룬 후 시합에서 물러나게 됩니다. 그래서 이 경우에는 경기가 8번 있게 됩니다.

셋째 경우 : 3번 선수는 자신과 1, 2번 선수를 제외한 7명의 선수와 각각 한 번씩 겨룬 후 시합에서 물러나게 됩니다. 그래서 이 경우에는 경기가 7번 있게 됩니다.

⋮

아홉째 경우 : 나중에 9번 선수와 10번 선수가 남기 때문에 경기가 1번 있게 됩니다.

합의 법칙에 의하면 경기는 모두

$$9+8+7+\cdots+2+1=45(번)$$

따라서 경기가 모두 45번 있게 됩니다.

이 문제는 또 곱의 법칙에 의하여 구할 수도 있습니다.

시합이란 이 '일'을 두 가지 단계로 나누어 완성할 수 있습니다.

첫째 단계 : 10명 선수 중에서 임의의 한 선수를 고르는 데는 10가지 방법이 있습니다.

둘째 단계 : 나머지 9명 선수 중에서 임의의 한 선수를 택하여 시합시키는 데는 9가지 방법이 있습니다.

곱의 법칙에 의하여

$$10\times9=90(번)$$

그러면 왜 앞의 결과와 다를까? 만일 첫째 단계에서 2번 선수를 택하고 둘째 단계에서 3번 선수를 택한다면 이번 시합은 '2번 선수와 3번 선수' 간의 시합으로 될 것이고, 만일 첫째 단계에서 3번 선수를 택하고 둘째 단계에서 2번 선수를 택한다면 이 시합은 '3번 선수와 2번 선수' 간의 시합으로 될 것입니다.

사실 이것은 같은 선수 둘 사이의 시합입니다. 그러므로 위의 계산에는 매번 경기가 거듭 들어갔습니다. 실제로 있게 되는 경기는

$$(10 \times 9) \div 2 = 45(번)$$

이라고 해야 맞습니다.

예제 04

그림에서와 같이 A에서 B로 가는 데는 3갈래 길이 있고, B에서 C로 가는 데는 2갈래 길이 있으며, A에서 C로 가는 데는 4갈래 길이 있습니다. 한 사람이 A에서 C로 가려면 몇 가지의 다른 노선을 택할 수 있습니까?

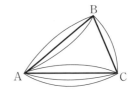

| 풀이 | A에서 C로 가는 이 '일'을 완성하려면 두 가지 경우가 있습니다.

첫째 경우 : A에서 C로 직접 가는 방법으로 4갈래의 다른 노선이 있습니다.

둘째 경우 : A에서 B를 지나 C로 가는 방법인데 두 가지 단계로 완성할 수 있습니다.

첫째 단계 : A에서 B로 가는 데는 3갈래 노선이 있습니다.

둘째 단계 : B에서 C로 가는 데는 2갈래 노선이 있습니다.

곱의 법칙에 의하여 이 경우에는 $3 \times 2 = 6$(갈래)의 다른 노선이 있음을 알 수 있습니다. 다음 덧셈 원리에 의하여 A에서 C로 가는 각기 다른 노선의 가짓수를 구하면

$$4 + 3 \times 2 = 10(갈래)$$

∴ A에서 C로 가는 데는 10갈래의 다른 노선이 있습니다.

2. 순열과 조합

먼저 예제를 하나 들어 봅시다.

예제 05

747 여객기가 서울·부산·광주 이 3개 도시 사이를 날고 있습니다.

(1) 공항 매표구에 몇 가지의 각기 다른 비행기표를 갖추어 두어야 합니까?

(2) 표값은 몇 가지입니까?

| 풀이 | (1)은 서울·부산·광주 이 3개 공항 중 매번 2개 공항을 취하여 출발점·종점의 순서로 배열하는 문제라고 할 수 있습니다. 따라서 다음과 같은 각기 다른 배열 방법이 있습니다.

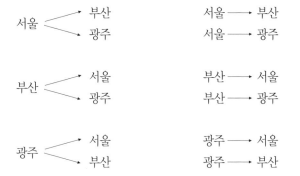

위의 배열 방법에 누락과 중복이 없는 것으로 보아 공항 매표구에 6가지의 각기 다른 비행기표를 준비해야 함을 알 수 있습니다.

(2)의 답이 (1)의 답과 같을까? 만일 같다고 생각한다면 그것은 틀린 생각입니다. 상식적으로 알 수 있는 바와 같이 서울에서 부산까지의 표값과 부산에서 서울까지의 표값은 같습니다.

그러므로 3가지의 각기 다른 표값이 있다고 할 수 있습니다.

이 예제의 문제 (1)에서 비행기표의 가짓수는 출발점과 종점에 관계된다는 것, 다시 말해서 배열 순서와 관계된다는 것을 알 수 있고, 문제 (2)에서 비행기표값은 출발점과 종점에만 관계될 뿐 공항의 배열 순서와는 관계되지 않음을 알 수 있습니다. 이런 경우 앞의 것을 순열 문제, 뒤의 것을 조합 문제라고 부릅니다.

예제 06

숫자 1, 2, 3, 4로 중복되는 숫자 없이 세 자리 수를 몇 개나 구성할 수 있습니까?(각각의 숫자가 한 수에 한 번밖에 들어가지 않음)

| 분석 | 이 문제는 4개 숫자 중에서 한 번에 3개씩 취하여 백의 자리, 십의 자리, 일의 자리의 순서로 배열하면 몇 가지의 다른 배열법이 있는가를 구하는 문제입니다.

| 풀이1 | 중복과 누락됨이 없이 각각 다른 세 자리 수로 써내려면 좋은 방법을 생각해 내야 합니다. 사전의 배열 방법을 참조하여 왼쪽으로부터 오른쪽의 순서로 3개 숫자를 써냅니다. 백의 자리 숫자를 쓰는 데는 4가지 방법이 있고, 백의 자리 숫자를 쓴 후 십의 자리 숫자를 쓰는 데는 3가지 방법이 있습니다. 예를 들면 백의 자리에 숫자 1을 썼다면 십의 자리에는 2, 3, 4의 3개 숫자밖에 쓸 수 없습니다. 즉 12, 13, 14가 얻어집니다. 백의 자리와 십의 자리 숫자를 써낸 후 일의 자리 숫자를 써내는 데는 2가지 방법밖에 없습니다. 위의 과정을 써보면 다음과 같습니다.

$$
1 \begin{cases} 12 \longrightarrow \begin{cases} 123 \\ 124 \end{cases} \\ 13 \longrightarrow \begin{cases} 132 \\ 134 \end{cases} \\ 14 \longrightarrow \begin{cases} 142 \\ 143 \end{cases} \end{cases}
\qquad
2 \begin{cases} 21 \longrightarrow \begin{cases} 213 \\ 214 \end{cases} \\ 23 \longrightarrow \begin{cases} 231 \\ 234 \end{cases} \\ 24 \longrightarrow \begin{cases} 241 \\ 243 \end{cases} \end{cases}
$$

$$3 \begin{cases} 31 \ \text{——} \ \begin{cases} 312 \\ 314 \end{cases} \\ 32 \ \text{——} \ \begin{cases} 321 \\ 324 \end{cases} \\ 34 \ \text{——} \ \begin{cases} 341 \\ 342 \end{cases} \end{cases} \qquad 4 \begin{cases} 41 \ \text{——} \ \begin{cases} 412 \\ 413 \end{cases} \\ 42 \ \text{——} \ \begin{cases} 421 \\ 423 \end{cases} \\ 43 \ \text{——} \ \begin{cases} 431 \\ 432 \end{cases} \end{cases}$$

써낸 것을 세어 보니 중복되는 숫자가 없는 세 자리 수가 24개
임을 알 수 있습니다.

| 풀이 2 | 문제의 요구는 중복되는 숫자가 없는 세 자리 수가 '몇 개'인가
를 구하는 것이지 구체적으로 '어떤 수인가'를 써내라는 것이
아닙니다.

물론 위에서와 같이 써낸 다음 하나하나 세어 볼 수도 있겠지
만 이것은 좋은 방법이 아닙니다.

계산의 방법으로 구하면 보다 간단하게 됩니다.

4개 숫자 중에서 3개를 취하여 중복되는 숫자가 없는 세 자리
수를 구성하는 '일'은 세 단계로 나누어 완성할 수 있습니다.

첫째 단계 : 4개 숫자 중 임의의 1개를 취하여 백의 자리에 놓
는 데는 4가지 방법이 있습니다.

둘째 단계 : 나머지 3개 숫자 중 임의의 1개를 취하여 십의 자
리에 놓는 데는 3가지 방법이 있습니다.

셋째 단계 : 나머지 2개 숫자 중 임의의 1개를 취하여 일의 자
리에 놓는 데는 2가지 방법이 있습니다.

곱의 법칙에 의하여 문제의 요구를 만족시키는 세 자리의 개수
를 구하면
$$4 \times 3 \times 2 = 24(개)$$

위의 풀이 2는 우월성이 있으면서 또 일반성도 갖고 있습니다. 설명의 편리
상 문제에 관련되는 대상을 원소(이를테면 서울, 부산, 광주 같은 것)라고 부
릅니다.

예제 05의 문제 (1)은 바로 3개의 다른 원소 중에서 임의의 2개를 취하여 배
열하는 문제이고, 예제 06은 4개의 다른 원소 중에서 임의의 3개를 취하여 배
열하는 문제입니다.

예제 06의 풀이 2를 모방하여 예제 5의 문제 (2)를 구하면, $3 \times 2 = 6$이 얻어집니다.

예제 05와 예제 06으로부터 다음의 결론을 얻을 수 있습니다.

① 어떤 원소들 중에서 일부분을 취하여 일정한 순서로 배열할 때 배열 개수는 몇 개 연속한 자연수의 곱과 같습니다.

② 이때 최대의 자연수는 구하려는 문제에 들어 있는 모든 원소의 개수와 같고, 곱셈 인자의 개수는 취해서 배열하는 원소의 개수와 같습니다.

예제 07

A시로부터 B시로 가는 철도선에 12개의 역이 있습니다. 몇 가지의 각각 다른 차표를 준비해야 합니까?

| 풀이 | 예제 05에서 이미 안 바와 같이 이 문제 역시 순열 문제입니다. 위의 결론으로부터 최대의 자연수는 12, 곱셈 인자의 개수는 2임을 알 수 있습니다.

따라서

$$12 \times 11 = 132(개)$$

∴ 132가지의 각각 다른 차표를 갖추어야 합니다.

예제 08

세 학생이 한 줄로 서서 사진을 찍는 데는 서는 방법이 몇 가지 있습니까?

| 풀이 | 이는 3개의 다른 원소 중에서 3개를 취하는 순열로서, 중복을 허락하지 않는 순열이라고 합니다.

따라서 순열의 총수는

$$3 \times 2 \times 1 = 6$$

∴ 같지 않게 서는 방법이 6가지 있습니다.

6명의 학생이 바둑 결승전에 참가하게 되었습니다. 그 중 학생을 3명 뽑는다고 할 때 몇 가지 뽑는 방법이 있습니까? 만일 1, 2, 3등 중 1등, 2등, 3등을 한 학생의 명단을 배열한다면 몇 가지의 다른 배열 방법이 있습니까?

| 풀이 | 먼저 두 번째 물음부터 구합니다. 왜냐하면 두 번째 물음은 사실상 6개 원소 중에서 3개를 취하여 배열하는 수를 구하는 것입니다. 따라서

$$6 \times 5 \times 4 = 120$$

첫 번째 물음은 6명의 학생 중에서 3등까지 뽑아 등수에 관계하지 않고 조를 구성하는 문제입니다. 이런 수를 x라 한다면 다음과 같이 간접적인 방법으로 x를 구할 수 있습니다.

'6명의 학생 중에서 3등까지 뽑아서 등수를 배열'하는 '일'은 두 개 단계로 나누어 완성할 수 있습니다.

첫째 단계 : 6명의 학생 중에서 3등까지 뽑는 데는 x가지 방법이 있습니다.(앞에서 이미 가정했음)

둘째 단계 : 뽑은 3명의 학생을 등수에 따라 배열하는데, 즉 3개 원소 중에서 3개를 취하여 배열하는 데는 $3 \times 2 \times 1 = 6$가지의 다른 방법이 있습니다.

곱의 법칙에 의하여

$$6 \times x = 120$$

이 방정식을 풀면 $x = 20$

따라서 20가지

앞장에서 취급한 일부 기하 도형의 문제도 순열·조합의 방법으로 풀 수 있습니다.

그림에서와 같이 직선 l상에 겹치지 않는 점이 n개 있다면 선분의 개수는

$$1 + 2 + 3 + 4 + \cdots + (n-1) = n(n-1) \div 2(개)$$

실제로 이 문제는 직선 l 상의 n개의 다른 점 중에서 한 번에 2개씩 취하여 연결하면 각각 다른 선분이 몇 개 얻어지느냐 하는 문제, 다시 말해서 n개 원소 중에서 2개씩 취하는 조합의 수를 구하는 문제입니다.

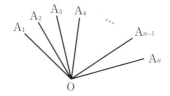

위의 그림에 있는 각의 개수는

$$1+2+3+4+\cdots+(n-1)=n(n-1)\div2(\text{개})$$

아래 그림에 있는 삼각형의 개수는

$$1+2+3+4+\cdots\cdots+(n-1)=n(n-1)\div2(\text{개})$$

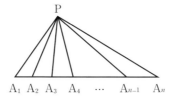

위의 몇 개 예제를 통하여 계수하는 대상은 비록 달라도 계수 결과만은 같음을 알 수 있습니다.

등식

$$1+2+3+4+\cdots\cdots+(n-1)=n(n-1)\div2(\text{개})$$

의 좌변의 순서를 바꾸어 놓으면

$$(n-1)+(n-2)+\cdots\cdots+4+3+2+1=n(n-1)\div2$$

위 식의 좌변은 합의 법칙으로 해석할 수 있고, 우변은 조합의 수의 계산 방법으로 설명할 수 있습니다.

위의 각의 개수를 구하는 그림에서 반직선 OA_1은 그 밖의 반직선 $n-1$개와 $n-1$개의 각을 구성하고, 반직선 OA_1을 제외하면 반직선 OA_2는 그 밖의 반직선 $n-2$개와 $n-2$개의 각을 구성하며, 합의 법칙에 의하면 한 점으로부터 n개의 겹치지 않은 반직선을 그었을 때 각의 개수는 모두

$$(n-1)+(n-2)+\cdots\cdots+4+3+2+1(\text{개})$$

순열과 조합의 원리에서 볼 때, 이것은 n개 원소 중에서 2개 원소를 취하는 조합의 수를 구하는 문제입니다.

예제 09에서 알 수 있는 바와 같이 조합의 수는 순열의 수에서 취하는 원소의 개수로 배열하는, 같은 것을 품는 순열의 수로 나눈 것과 같습니다.

그러므로 한 점 O로부터 그은 n개의 반직선이 구성하는 각은 모두 $n(n-1) \div 2$개입니다.

이 결과가 $n-1$개 자연수의 합과 같음을 쉽게 알 수 있습니다.

예제 10

그림에서 A_1, A_2, A_3, $\cdots$, A_{n-1}, A_n은 원둘레 위의 점이고, A_1A_2, A_2A_3, $\cdots\cdots$, $A_{n-1}A_n$, A_nA_1은 서로 같지 않습니다. 이 점들을 꼭짓점으로 하여 각각 다른 삼각형을 모두 몇 개 그릴 수 있습니까?

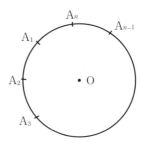

| 풀이 | 그림에서 A_1, A_2, A_3, $\cdots$, A_{n-1}, A_n 중 임의의 3개 점이 일직선상에 놓여 있지 않음을 알 수 있습니다. 그러므로

$$n(n-1)(n-2) \div (3 \times 2 \times 1) (개)$$

의 각각 다른 삼각형을 그릴 수 있습니다.

연습문제 24

본 단원의 대표문제이므로 충분히 익히세요

01 5학년 2개 학급에서 각각 5명씩 뽑아 탁구 시합을 하기로 했습니다. 만일 한 팀의 선수 한 명이 다른 한 팀의 모든 선수와 한 번씩 시합해야 한다면 경기를 모두 몇 번 갖게 되겠습니까?

02 다음 그림에서와 같이 A에서 B로 가는 데는 길이 2갈래, B에서 D로 가는 데는 길이 3갈래, A에서 C로 가는 데에는 4갈래, C에서 D로 가는 데는 길이 1갈래 있습니다. A에서 D로 가려면 몇 가지의 다른 노선이 있습니까?

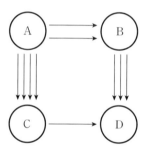

03 123456789의 9개 수 사이에 임의로 '+' 기호 2개를 끼워 넣는다면 정수 3개를 더하는 덧셈식(예 12＋345＋6789)이 얻어집니다.
그렇다면 위와 같이 '+' 기호 2개를 끼워 넣는 방법은 모두 몇 가지가 있습니까?

04 숫자 1, 3, 5, 7, 9로 중복되는 숫자가 없는 네 자리 수를 몇 개 구성할
수 있습니까?

05 다섯 사람이 한 줄로 서서 사진을 찍으려고 하는데 그 중 한 사람만은
꼭 가운데에 서야 합니다. 서는 방법은 몇 가지나 됩니까?

06 기둥 하나를 상, 중, 하 3개 부분으로 나누어 다른 색깔을 칠하려고 합
니다. 지금 5가지 다른 색깔의 페인트가 있다면 각기 다른 색깔 조합 방
법은 몇 가지나 있습니까?

07 숫자 2, 4, 6, 8이 각각 씌어 있는 카드가 4장 있는데, 한 번에 2장씩
    선택해 그 위의 두 수를 곱한다면 몇 가지의 다른 결과가 나타납니까?

08 어린이 5명 중 한 번에 3명씩 나와서 사진 한 장을 찍으려고 합니다.
    지금 사진기 안에 필름이 11장 남아 있다면 필름이 부족하지 않습니까?

09 직선 a와 b가 평행인데 a 위에 점이 5개, b 위에 점이 3개 있습니다.
    이런 점들을 꼭짓점으로 하여

    (1) 각각 다른 삼각형을 몇 개 그릴 수 있습니까?

    (2) 각각 다른 사변형을 몇 개 그릴 수 있습니까?

25 수의 진법

인류 사회 발전의 기나긴 역사에서 생산과 과학의 수요에 의해 여러 가지 수의 진법이 나왔습니다. **예** 10진법, 12진법, 60진법, 2진법 등

초급-상권 제 3장에서 이미 10진법의 기본 지식과 관련되는 일부 문제를 소개하였습니다.

여러분이 알다시피 임의의 $n+1$자리 10진법의 자연수 N은 다음의 식으로 표시할 수 있습니다. 즉

$$N = \overline{a_n a_{n-1} \cdots a_2 a_1 a_0}$$
$$= a_n \times 10^n + a_{n-1} \times 10^{n-1} + \cdots + a_2 \times 10^2 + a_1 \times 10 + a_0$$

위 식에서 a_n, a_{n-1}, $\cdots$, a_2, a_1, a_0은 높은 자리로부터 낮은 자리로의 순서로 배열한 N의 각 자리의 숫자로서 N에 a_n개의 10^n, a_{n-1}개의 10^{n-1}, $\cdots$, a_2개의 10^2, a_1개의 10, a_0개의 1이 들어 있음을 나타냅니다.

이 장에서는 이미 배운 지식을 확고하게 하기 위하여 10진법 문제를 몇 가지 더 소개한 기초 위에서 중점적으로 2진법에 관련된 지식과 그 응용을 소개하기로 합니다.

1. 10진법에 관련된 몇 개 예제

예제 01

어떤 두 자리 수가 있는데, 십의 자리의 수가 일의 자리의 수의 3분의 2입니다. 그런데 이 두 수를 자리바꿈시켰더니 얻어진 수가 원래의 수보다 18이 컸습니다. 원래의 수를 구하시오.

| **풀이** | 원래의 수를 $\overline{ab}$라 한다면 새 수는 $\overline{ba}$라고 할 수 있습니다.

따라서
$$\overline{ba} - \overline{ab} = 10b + a - (10a + b) = 18$$
그러므로 $9(b-a) = 18$, $b - a = 2$

또, $a = \dfrac{2}{3}b$이므로 $b - \dfrac{2}{3}b = 2$, $\dfrac{b}{3} = 2$

이로부터 $b=6$, $a=\dfrac{2}{3}\times 6=4$가 얻어집니다.

그러므로 원래의 수는 $4\times 10+6=46$입니다.

예제 02

어떤 세 자리 수가 있는데, 각 숫자의 합이 15, 일의 자릿수와 백의 자릿수의 차가 5입니다. 만일 백의 자리와 일의 자리 수의 위치를 서로 바꾸어 놓는다면 얻어진 새로운 수가 원래의 수의 3배보다 39가 작다고 합니다. 이 세 자리 수를 구하시오.

| 풀이 | 백의 자리의 수를 x라 하면 일의 자릿수는 $(x+5)$,
십의 자릿수는 $15-(x+x+5)$, 즉 $10-2x$입니다.
질문에 의하여
$100(x+5)+10(10-2x)+x$
$=3\{100x+10(10-2x)+x+5\}-39$
$81x+600=243x+276$
$162x=324$
$x=2$
그러므로 원래의 수는
$100x+10(10-2x)+x+5$
$=100\times 2+10(10-2\times 2)+2+5$
$=267$

예제 03

여섯 자리 수 $\overline{1abcde}$에 3을 곱하면 $\overline{abcde1}$로 됩니다. 이 여섯 자리 수를 구하시오.

| 풀이 | $x=\overline{abcde}$라고 가정하면 문제에 의하여
$3(100000+x)=10x+1$
$\qquad\qquad x=42857$
그러므로 원래의 여섯 자리 수는 142857입니다.

10보다 작은 각각 다른 자연수가 3개 있습니다. 이 3개 수로 구성된 모든 세 자리 수의 합이 2886, 세 자리 수 중 최대와 최소의 차가 495라는 것을 알고 이 3개 수를 구하시오.

| 풀이 | 이 3개 수를 각각 x, y, z라 하고 그 중에서 x가 최대, z가 최소라고 하면 다음과 같은 6개의 세 자리 수를 얻을 수 있습니다. 즉

$$\overline{xyz}, \ \overline{xzy}, \ \overline{yxz}, \ \overline{yzx}, \ \overline{zxy}, \ \overline{zyx}$$

위의 6개 수 중 x, y, z가 각각 백의 자리에 2번, 십의 자리에 2번, 일의 자리에 2번 해서 모두 6번 나타납니다.

$$x+y+z=2886\div222=13 \qquad \cdots\cdots \ ①$$
$$(100x+10y+z)-(100z+10y+x)=495로부터$$
$$x=5+z \qquad \cdots\cdots \ ②$$

②를 ①에 대입하면

$$y=8-2z$$

위 식에서 z는 1, 2, 3만 가능합니다. 그러나 $z=1$이라면 $x=y=6$이므로 불가능한 것이고, $z=3$이라면 $y=2$ 따라서 $y<z$이므로 조건에 맞지 않습니다. 그러므로 $z=2$, $y=4$, $x=7$일 수밖에 없습니다.

2. 2진법에 대한 간단한 소개

전자 계산기에는 지금 2진법이 사용되고 있습니다. 전자 계산기의 연산 및 기억 소자에는 두 가지 다른 상태, 즉 '열림'과 '닫힘'만이 있기 때문입니다.

2진법에는 0과 1이란 두 기호가 쓰이는데, 덧셈 연산시에 '2가 차면 1을 올려주기' 때문에 전자 계산기의 소프트웨어 계통에 아주 적합합니다.

이미 소개한 바와 같이 임의의 자연수 N은

$$N_{(10)}=a_n\times10^n+a_{n-1}\times10^{n-1}+\cdots+a_1\times10+a_0$$

로 표시할 수 있습니다. 위 식에서 $N_{(10)}$은 10진법의 N을 표시합니다.

마찬가지로 임의의 자연수 N은 2진법의 수로 표시할 수 있습니다.

$$N = a_n \times 2^n + a_{n-1} \times 2^{n-1} + \cdots + a_1 \times 2^1 + a_0$$

위 식에서 a_n, a_{n-1}, $\cdots$, a_0은 0 또는 1입니다. 따라서 이 자연수를 2진법의 수로 표시하면

$$N_{(2)} = a_n a_{n-1} \cdots a_1 a_0$$

예 $10_{(10)} = 1 \times 2^3 + 0 \times 2^2 + 1 \times 2 + 0 = 1010_{(2)}$

(1) 10진수를 2진수로 변환하기

예제 05

10진수 125를 2진수로 고치시오.

| 풀이 | $125_{(10)}$를 몫이 0이 될 때까지 2로 몇 번이고 계속하여 나누면 나머지가 얻어지는데, 이 나머지들이 곧 2진법의 숫자 기호로 됩니다.

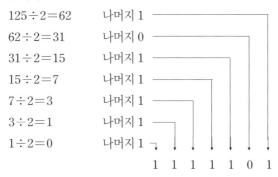

그러므로 $125_{(10)} = 1111101_{(2)}$

(2) 2진수를 10진수로 변환하기

예제 06

2진수 $10011101_{(2)}$를 10진수로 고치시오.

| 풀이 | $10011101_{(2)}$
$$= 1 \times 2^7 + 0 \times 2^6 + 0 \times 2^5 + 1 \times 2^4 + 1 \times 2^3 + 1 \times 2^2 + 0 \times 2 + 1$$
$$= 128 + 16 + 8 + 4 + 1 = 157_{(10)}$$

(3) 2진법의 응용 사례

예제 07

1g, 2g, 4g, 8g, 16g짜리 추가 각각 하나씩 있습니다. 이 추를 가지고 저울에서 몇 가지의 다른 무게의 물체를 달 수 있습니까?

| 풀이 | 2진수에서 오른쪽으로부터 왼쪽으로의 순으로 각 자리의 1은 각각 1, 2, 2^2, 2^3, 2^4을 표시하는데, 이는 저울의 그램수 1, 2, 4, 8, 16과 대응됩니다. 따라서 저울판에 1g짜리 추를 올려놓은 것을 2진수의 첫째 자리(오른쪽부터 셈)가 1인 것으로, 2g짜리를 올려놓은 것을 2진수의 둘째 자리가 1인 것으로, … 16g짜리를 올려놓은 것을 2진수의 다섯째 자리가 1인 것으로, 추를 올려놓지 않은 것을 2진수의 대응한 자리가 0인 것으로 볼 수 있습니다.

이렇게 나타낸 수 중 제일 작은 것은 1, 제일 큰 것은
$11111_{(2)} = 2^4 + 2^3 + 2^2 + 2^1 + 1 = 31_{(10)}$입니다. 이것은 1부터 31까지의 각각의 정수(그램)를 모두 달 수 있음을 말해 줍니다. 그러므로 이 5개 저울로 무게가 서로 다른 물체를 31가지 달 수 있습니다

제 24장에서 배운 조합의 방법을 이용하여 이 문제를 풀어 봅니다.

예제 08

한 백화점에서 같은 상품 1000개를 10개 상자에 포장해 넣어 손님이 1~1000 사이의 임의의 개수의 상품을 사려고 할 때 포장 상자를 풀어 보지 않고도 팔 수 있게 하였습니다. 각각의 상자에 몇 개씩 넣었습니까?

| 풀이 | 이 문제를 풀려면 진법 지식을 응용해야 합니다.

10상자에 포장해 넣는 것을 각 상자에 진법의 각 자리의 수를 넣는 것으로 생각합니다. 실제로 빈 상자를 포장할 수 없으므로 2진법의 지식을 응용할 수밖에 없습니다. 그런데,

$$1111111111_{(2)} = 2^9 + 2^8 + 2^7 + 2^6 + 2^5 + 2^4 + 2^3 + 2^2 + 2 + 1$$
$$= 512 + 256 + 128 + 64 + 32 + 16 + 8 + 4 + 2 + 1$$
$$= 1023_{(10)}$$

이렇게 열 번째 상자에 512개를 넣지 않고 $512 - (1023 - 1000) = 489$(개)를 넣고, 다른 9상자에 각각 256, 128, 64, 32, 16, 8, 4, 2, 1개를 넣으면 상자를 풀어 보지 않고도 1~1000 사이의 임의의 개수의 상품을 팔 수 있습니다.

01 $\overline{ac}$는 숫자 a와 c로 구성된 두 자리 수, $\overline{ccc}$는 숫자 c로 구성된 세 자리 수입니다. 만일 $a \times c \times \overline{ac} = \overline{ccc}$라면 a와 c는 각각 몇입니까?

02 $\overline{x1982y}$와 같은 모양으로 45로 나누어떨어지는 여섯 자리 수를 모두 구하시오(그 중 x와 y는 0~9의 수임).

03 일의 자릿수와 천의 자릿수의 합이 10, 일의 자릿수가 짝수이면서도 소수인 네 자리 수가 있습니다. 그런데 이 수의 일의 자릿수와 천의 자릿수를 버리면 소수인 두 자리 수가 얻어지고 또 이 네 자리 수는 72로 나누어떨어집니다. 이 네 자리 수를 구하시오.

04 99자리 숫자가 5인 100자리 수가 있다면 이 수는 제곱수입니까?

05 다음의 2진수를 10진수로, 10진수를 2진수로 고치시오.

$111_{(2)}$, $111_{(10)}$, $1010011101_{(2)}$, $99_{(10)}$, $110110_{(2)}$

06 다음 문제를 계산하시오.

(1) $101_{(2)} + 11101_{(2)} - 1111_{(2)}$

(2) $1100011_{(2)} - 1000_{(2)} - 110_{(2)}$

07 어느 백화점에서 같은 상품 30개를 5개 상자에 나누어 포장해 넣어 손님이 30개 이내에서 몇 개를 사려고 할 때 상자를 풀지 않고도 팔 수 있게 하였습니다. 각 상자에 몇 개씩 넣었습니까?

26 홀수 · 짝수성 분석

초급-상권의 제4장의 나누어떨어짐(1)에서 이미 정수의 성질과 그의 응용을 소개하였습니다. 이 기초 위에서 이 장에서는 '홀수와 짝수의 성질' 분석을 이용하여 재미있는 문제를 풀어 봅니다.

1. 홀수와 짝수의 계산 성질을 이용하여 문제를 풀기

예제 01

n이 어떤 조건을 만족시킬 때 1로부터 시작된 n개의 연속하는 자연수의 합이 짝수이겠습니까?

| 풀이 | n개 연속하는 자연수의 합은

$$1+2+3+\cdots+n=\frac{1}{2}n(n+1)$$

n과 $n+1$은 하나는 홀수이고 다른 하나는 짝수입니다.

만일 $\frac{1}{2}n(n+1)$이 짝수로 되려면 $\frac{1}{2}n$ 또는 $\frac{1}{2}(n+1)$이 짝수여야 합니다.

만일 $\frac{1}{2}n$이 짝수로 되려면 n은 반드시 4의 배수여야 하고 $\frac{1}{2}(n+1)$이 짝수로 되려면 $(n+1)$은 반드시 4의 배수여야 합니다.

그러므로 n 또는 $n+1$이 4의 배수일 때, 1로부터 시작된 n개의 연속하는 자연수의 합이 짝수로 됩니다.

예제 02

(1) 99개의 연속하는 자연수를 더하면 그 합이 짝수이겠습니까 아니면 홀수이겠습니까?

(2) 99개의 연속하는 홀수를 더하면 그 합이 짝수이겠습니까 아니면 홀수이겠습니까?

(3) 99개의 연속하는 짝수를 더하면 그 합이 짝수이겠습니까 아니면 홀수이겠습니까?

| 풀이 | (1) 먼저 첫 자연수를 a라고 가정합시다. 그러면 99개의 연속하는 자연수의 합은 $99(49+a)$로 표시할 수 있습니다.

만일 a가 홀수라면 홀수＋홀수＝짝수, 홀수×짝수＝짝수이기 때문에 그 합은 짝수로 됩니다.

만일 a가 짝수라면 홀수＋짝수＝홀수, 홀수×홀수＝홀수이기 때문에 그 합은 홀수로 됩니다.

(2) 먼저 첫 홀수를 a라고 가정합시다. 그러면 99개의 연속하는 홀수의 합은 $99(98+a)$로 표시할 수 있습니다. 그런데 a가 홀수이고 $98+a$도 홀수이기 때문에 그 합은 홀수로 됩니다.

(3) 먼저 첫 짝수를 a라고 가정합시다. 그러면 99개의 연속하는 짝수의 합은 $99(98+a)$로 표시할 수 있습니다. 그런데 a가 짝수이고 $98+a$도 짝수이기 때문에 그 합은 짝수로 됩니다.

예제 03

이웃한 세 짝수의 곱이 여섯 자리 수 8……2입니다. 이 세 짝수를 구하시오.

| 풀이 | 곱이 여섯 자리 수라고 하기 때문에 이웃한 이 세 짝수는 반드시 두 자리 수라고 할 수 있습니다. 그런데 이웃한 이 세 짝수의 일의 자리 숫자는 0, 2, 4, 6, 8 중의 이웃한 세 숫자일 수밖에 없습니다. 그것들의 곱의 일의 자리 숫자가 2라는 것을 알기 때문에 이웃한 이 세 짝수의 일의 자리 숫자는 반드시 4, 6, 8이라고 단정할 수 있습니다. 100을 3개 곱하면 일곱 자리 수 중 가장 작은 수

1000000이 얻어진다는 사실로부터 미루어 볼 때 이웃한 이 세 짝수는 94, 96, 98임을 알 수 있습니다.

또 다음 방법으로 계산해 낼 수 있습니다. 먼저 십의 자리 숫자를 x라고 가정합시다. 그러면 이웃한 이 세 짝수를 각각 $\overline{x4}$, $\overline{x6}$, $\overline{x8}$로 표시할 수 있습니다. 문제의 뜻에 의하여 다음 식이 얻어집니다.

$$(10x+4)(10x+6)(10x+8)=8\cdots2$$

등호 우변의 여섯 자리 수의 가장 높은 자리의 숫자가 8이고 $80\times80\times80=512000$, $90\times90\times90=729000$이므로 x가 9라는 것을 알 수 있습니다. 따라서 이웃한 세 짝수는 94, 96, 98임을 알 수 있습니다.

예제 04

어느 수학 경시 대회에 나온 시험 문제가 30개인데 채점은 다음과 같이 합니다. 기본 점수 15점은 참가자 누구를 막론하고 모두 얻을 수 있고 한 문제를 옳게 풀면 5점을 얻을 수 있으며 한 문제를 풀지 않으면 1점을 얻을 수 있고 한 문제를 틀리게 풀었다면 1점을 잃게 됩니다. 만일 121명이 경시 대회에 참가하였다면 참가자의 득점 총합이 홀수이겠습니까 아니면 짝수이겠습니까?

| 풀이 | 참가자 개개인으로 말할 때 모든 문제를 옳게 풀면 165점(홀수)을 얻게 됩니다. 만일 한 문제를 틀리게 풀었다면 165점에서 $5+1=6$점을 빼야 합니다. 그런데 틀린 문제가 몇 문제인가에 관계없이 깎이는 점수의 합은 언제나 6의 배수로 짝수가 됩니다. 따라서 165에서 짝수를 빼면 홀수가 얻어집니다. 만일 한 문제를 풀지 않으면 4점을 잃게 됩니다.

그런데 몇 문제를 풀지 않았는가에 관계없이 깎이는 점수의 합은 언제나 4의 배수로 짝수가 됩니다. 따라서 165에서 짝수를 빼면 홀수가 얻어집니다. 위의 것을 정리하면 참가자 개개인의 점수는 누구나 할 것 없이 홀수임을 알 수 있습니다. 그러므로 참가자 121명의 점수 총합은 홀수라고 할 수 있습니다.

예제 05

컵 6개를 윗면이 아래로 향하게 해서 탁상 위에 놓았습니다. 만일 매번마다 그 중의 5개를 뒤집어 놓을 수 있다면 몇번째에 모든 컵의 윗면을 위로 향하게 할 수 있습니까?

| 풀이 | 컵을 홀수번 뒤집어 놓는다면 윗면이 원래의 상태와 반대로 되고 짝수번 뒤집어 놓는다면 원래의 상태로 되돌아옵니다. 다시 말해서 컵을 홀수번 뒤집어 놓으면 윗면이 아래로 향하던 것이 위로 향하게 되고 짝수번 뒤집어 놓으면 윗면이 그냥 아래로 향하게 됩니다. 설명의 편리상 컵에 번호를 붙여 봅시다.

처음 뒤집을 때 1번 컵을 움직이지 않고, 두 번째 뒤집을 때 2번 컵을 움직이지 않고, 세 번째 뒤집을 때 3번 컵을 움직이지 않고 …, 여섯 번째 뒤집을 때 6번 컵을 움직이지 않는다고 합시다.

이렇게 되면 모두 6번 뒤집어 놓게 되는데 개개의 컵으로 말하면 5번 뒤집어 놓게 됩니다. 5가 홀수이므로 6번 뒤집어 놓으면 모든 컵의 윗면이 위로 향하게 됩니다.

예제 06

장기에서 말(馬)은 날일(日)자로 뛰게 됩니다.

(1) 말이 가장 적은 발자국 수로 장기판 절반의 임의의 위치에 간다면 어느 위치의 발자국 수가 가장 많습니까? 또 그것은 몇 발자국입니까?

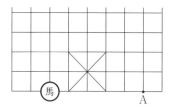

(2) 말이 다섯 발자국 뛰어서 A에 갈 수 있습니까? 갈 수 있다면 그 노선을 그리시오.

다음 그림과 같이 말이 갈 수 있는 위치에 그 발자국 수를 적어 놓습니다. 이로부터 다음의 결론이 얻어집니다.

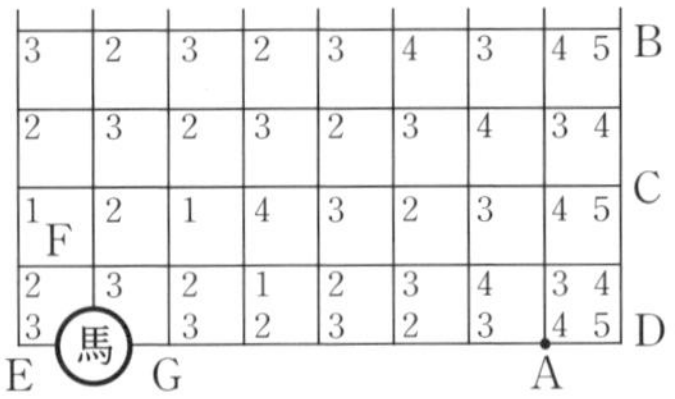

(1) 말이 B, C, D 이 세 위치에 가는 발자국 수가 가장 많습니다(다섯 발자국).

(2) 말이 다섯 발자국 뛰어서 A에 갈 수 없습니다. 그림에서 볼 수 있는 바와 같이 말이 임의의 위치에 가는 데 걸리는 발자국 수는 이 위치에서부터 말이 시작하는 위치까지의 거리가 홀수인가 아니면 짝수인가에 관계됩니다. 예를 들면 말이 이웃한 위치 E, F, G에 가는 데는 홀수 발자국이 필요하고 E, F, G와 이웃한 위치에 가는 데는 짝수 발자국이 필요합니다. 그런데 A가 짝수 발자국 위치에 있으므로 말이 다섯 발자국 뛰어서 A에 갈 수 없는 것은 물론, 7, 9, 11발자국 뛰어서도 A에 갈 수 없습니다. 그러나 4, 6, 8발자국 뛰어서 A에 갈 수 있습니다.

예제 07

탁구공 99개를 두 가지 형태의 통에 넣었습니다. 큰 통에는 12개, 작은 통에는 5개씩 넣었더니 공이 남지도 모자라지도 않았습니다. 통의 개수가 10을 초과한다는 것을 안다면 두 가지 통이 각각 몇 개이겠습니까?

| 풀이 | 큰 통 하나에 탁구공을 12개씩 넣었다 하므로 큰 통의 개수가 홀수이거나 짝수이거나를 막론하고 그 합은 짝수일 것입니다. 탁구공의 개수 99가 홀수이고 홀수에서 짝수를 뺀 차 역시 홀수이므로 작은 통의 탁구공 총합이 홀수임을 알 수 있습니다. 작은 통 하나에 탁구공을 5개씩 넣었고 그 총합 역시 홀수이므로

작은 통의 개수가 홀수라는 것과, 작은 통에 넣은 탁구공 총합의 일의 자리 숫자가 5라는 것을 알 수 있습니다. 따라서 큰 통에 넣은 탁구공 총합의 일의 자리 숫자가 4임을 알 수 있습니다. 또 큰 통 하나에 탁구공을 12개씩 넣었다 하므로 큰 통의 개수는 7 또는 2일 수밖에 없습니다.

만일 큰 통이 2개라면 99－12×2＝75, 75÷5＝15이므로 큰 통이 2개, 작은 통이 15개라는 결론이 얻어집니다. 만일 큰 통이 7개라면 99－12×7＝15, 15÷5＝3이므로 작은 통이 3개, 큰 통이 7개라는 결론이 얻어집니다. 그러나 통의 개수가 10을 초과한다는 점에 유의한다면 큰 통이 2개, 작은 통이 15개임을 알 수 있습니다.

2. 홀수와 짝수의 다름을 이용하여 문제를 풀기

예제 08

> 원 안에 1987개의 점이 있는데 각각의 점들을 두 부분으로 나누어 각 부분에 붉은색이나 푸른색을 칠하였습니다. 그 결과 붉은색을 칠한 점이 1987개, 푸른색을 칠한 점이 1987개였습니다. 첫 번째와 두 번째에 칠한 색깔이 다른 점이 적어도 1개 있음을 설명하시오.

| 풀이 | 먼저 어느 점이나 첫 번째와 두 번째에 칠한 색깔이 같다고 가정합시다. 그렇다면 첫 번째에 붉은색을 칠한 점이 $m(m<1987)$개라면 두 번째에도 붉은색을 칠한 점이 m개일 것입니다.

이렇게 되면 붉은색을 칠한 점이 $2m$개로 되어 붉은색 점이 1987개라는 주어진 조건에 어긋납니다. 그러므로 처음의 가설이 틀렸다고 할 수 있습니다. 즉 이것으로 첫 번째와 두 번째에 칠한 색깔이 다른 점이 적어도 1개 있음을 알 수 있습니다.

세 자리 수의 각 자리 숫자의 순서를 임의로 바꾸면 새로운 수
가 얻어집니다. 새로운 수와 원래의 수의 합이 999로 될 수 없
음을 증명하시오.

| 풀이 | 원래 수를 $\overline{abc}$, 새로운 수를 $\overline{xyz}$라고 가정합시다.

만일 원래 수와 새로운 수의 합이 999로 될 수 있다면 다음의
등식이 성립됩니다. 즉

$$\overline{abc} + \overline{xyz} = 999$$

따라서

$$a+x=9, \, b+y=9, \, c+z=9$$

문제의 뜻에 의하면

$$a+b+c=x+y+z$$

그런데

$$(a+x)+(b+y)+(c+z)=9+9+9$$

그러므로

$$2(a+b+c)=3\times 9$$

위 식에서 등식의 좌변은 짝수이고 우변은 홀수입니다. 이것은
불가능한 일입니다. 그러므로 원래 수와 새로운 수의 합이 999
로 될 수 있다는 말의 가설이 틀렸다고 할 수 있습니다. 다시
말해서 원래 수와 새로운 수의 합은 999로 될 수 없습니다.

3. 대우(짝) 관계를 이용하여 문제를 풀기

예제 10

한 학생이 매일 교실을 드나든 횟수의 합은 반드시 짝수입니다.
그 이유를 설명하시오.

| 풀이 | 이 학생이 교실에 한 번 들어오면 한 번 반드시 나가기 마련입니
다. 다시 말해서 교실을 드나든 횟수는 짝을 지어 나타납니다.

그러므로 이 학생이 매일 교실을 드나든 횟수의 합은 반드시 짝수라고 말할 수 있습니다.

예제 11

제곱수가 아닌 임의의 한 수의 모든 자연수 약수의 개수는 반드시 짝수이고 임의의 한 제곱수의 모든 자연수 약수의 개수는 반드시 홀수입니다.

|풀이| 먼저 a를 제곱수가 아닌 임의의 한 수(즉 $m^2=a$를 만족시키는 자연수 m이 존재하지 않음), b를 a의 한 자연수 약수라고 가정합시다. 그러면 a는 b로 나누어떨어지게 됩니다. 만일 $c=a\div b$라면 c 역시 정수일 것입니다. 아울러 $a=b\times c$로 c가 a의 한 약수(자연수)임을 알 수 있습니다. 또 a가 제곱수가 아니라 하므로 $b\neq c$임을 알 수 있습니다. 그러므로 b와 c는 a의 다른 두 자연수 약수라고 할 수 있습니다.

위의 증명 과정에서 a의 한 자연수 약수 b를 동반하여 다른 한 자연수 약수 c가 존재함을 알 수 있습니다. 다시 말해서 a의 자연수 약수는 짝을 지어 나타난다고 할 수 있습니다. 이는 제곱수가 아닌 임의의 한 수의 모든 자연수 약수의 개수는 반드시 짝수임을 말해 줍니다.

만일 A가 임의의 한 제곱수(즉 $B^2=A$를 만족시키는 자연수 B가 존재함)라면 A에게는 짝을 지을 수 있는 다른 자연수 약수(총 개수는 반드시 짝수임)가 있는 외에 또 같은 약수 B가 한 쌍 있게 됩니다. 그런데 A의 약수 개수를 계산할 때 B는 한 번만 들어가야 합니다. 그러므로 A의 모든 자연수 약수의 개수는 반드시 홀수라고 할 수 있습니다(왜냐하면 짝수에 1을 더하면 반드시 홀수가 얻어지기 때문입니다).

위 예제의 결론을 이용하여 다음 문제를 풀어 봅니다.

전등 100개가 한 줄로 배열되어 있는데 왼쪽으로부터 오른쪽으로 가면서 1, 2, 3, 4, …, 99, 100이라는 번호가 씌어 있습니다. 전등마다 줄로 당기는 스위치가 하나씩 장치되어 있는데 처음에 전등은 모두 꺼진 상태에 있었습니다. 어린이 100명이 한 줄로 서서 전등 쪽으로 지나가면서 첫째 어린이는 번호가 1의 배수인 전등의 스위치를 당겨 놓았고, 둘째 어린이는 번호가 2의 배수인 전등의 스위치를 당겨 놓았고, 셋째 어린이는 번호가 3의 배수인 전등의 스위치를 당겨 놓았고, …, 백번째 어린이는 번호가 100의 배수인 전등(나중의 전등 하나)의 스위치를 당겨 놓았습니다. 그렇다면 어느 전등들이 켜진 상태에 있겠습니까?

| 풀이 | 제곱수 1, 4, 9, 16, 25, 36, 49, 64, 81, 100번호가 씌어진 전등이 켜진 상태에 있습니다.

4. 간단한 2색 문제의 홀수 · 짝수성 분석

두 가지 색깔을 칠하는 방법을 사용하면 홀수 짝수성 분석을 비교적 쉽게 할 수 있을 뿐만 아니라 풀이 설명도 매우 간편하여집니다. 먼저 다음의 예제를 보기로 합시다.

25(5×5)개의 방으로 이루어진 미술관이 있는데, 이웃한 두 방 사이에는 통할 수 있는 문이 하나 있고 미술관의 출입구는 어느 한 방에만 있습니다. 출입구가 있는 방으로부터 시작해서 거듭됨이 없이 차례로 각 방을 모두 지나 밖으로 나올 수 있습니까?

| 분석 | 모든 가능한 노선을 일일이 더듬어보는 것은 현명하지 못한 방법입니다. 또 그렇게 할 수도 없는 일입니다. 만일 2색 풀이법(즉 홀수 짝수성 분석법)을 사용한다면 간단하게 답안을 찾아낼 수 있을 것입니다.

| 풀이 | 먼저 그림과 같이 25개의 방을 흑백이 서로 엇갈리게 칠을 합니다. 만일 거듭됨이 없이 차례로 각 방을 모두 지나 밖으로 나올 수 있다면 흰색을 칠한 방으로부터 검은색을 칠한 방으로, 검은색을 칠한 방으로부터 흰색을 칠한 방으로, …, 이런 식으로 25개의 문을 지나 나중에 흰색을 칠한 방으로 되돌아 나올 수 있어야 합니다. 하지만 어떤 노선을 택하든지 결과는 반드시 다음과 같이 됩니다.

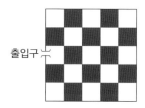

백 $\xrightarrow{1}$ 흑 $\xrightarrow{2}$ 백 $\xrightarrow{3}$ 흑 $\xrightarrow{4}$ 백 $\xrightarrow{5}$ … $\xrightarrow{24}$ 백 $\xrightarrow{25}$ 흑

즉 25개의 문을 지난 후 도달한 방은 흰색을 칠한 방이 아니라 검은색을 칠한 방입니다. 그러므로 부정적인 결론이 얻어집니다.

위의 문제에서 $25(5 \times 5)$개 방을 $16(4 \times 4)$개 방으로 바꾼다면 결론은 어떠합니까? 가능하다면 한 갈래 노선으로 그립니다. 이로부터 보편성을 띤 결론을 얻을 수 없습니까? ($2n \times 2n$과 $(2n+1) \times (2n+1)$인 경우를 고려해 봅니다.)

예제 14

장기판의 어떤 위치에 말(馬)이 놓여 있습니다. 이 말이 몇 발자국 뛰어서 원래의 위치에 돌아왔다면 그 발자국 수가 짝수일까요 아니면 홀수입니까? 그 이유를 말하시오.

| 분석 | 가장 간단한 경우(즉 몇 발자국 뛴 다음 원래의 노선을 따라 되돌
아오는 것)에서 그 발자국 수가 짝수임을 알 수 있습니다. 이로부
터 임의의 경우 역시 그 발자국 수가 짝수임을 짐작할 수 있습니
다. 그러나 이 결론을 증명하는 데는 색칠하는 방법 외에는 간편한
방법이 없습니다.

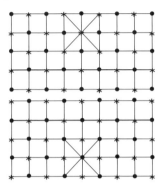

| 풀이 | 먼저 장기판의 각 교차점에 흑백이 서로 엇갈리게 칠을 합니
다. 그림에서 ×는 흑을 표시하고 ●는 백을 표시합니다. 만일
말이 흑(백)점으로부터 출발해서 날일자(日)로 한 발자국 뛰면
백(흑)점에 이를 것이고 다음 번에는 백(흑)점으로부터 흑(백)
점에 이를 것입니다. 이런 식으로 뛰어내려 간다면 말이 지나
가는 점은 다음과 같을 것입니다.

흑(출발점) $\xrightarrow{1}$ 백 $\xrightarrow{2}$ 흑 $\xrightarrow{3}$ 백 $\xrightarrow{4}$ 흑…

또는

백(출발점) $\xrightarrow{1}$ 흑 $\xrightarrow{2}$ 백 $\xrightarrow{3}$ 흑 $\xrightarrow{4}$ 백…

이로부터 말이 원 위치로 되돌아오려면 지나가는 흑점과 백점
이 짝을 이루어야 함을 알 수 있습니다. 즉 발자국 수가 짝수여
야 원 위치로 되돌아올 수 있습니다.

예제 15

선분 AB의 두 끝점 중 한 점에 붉은색을, 다른 한 점에 푸른색을 칠하였습니다. 이제 이 선분 위에 임의로 1991개의 분점을 택하고 각 분점에 임의로 붉은색 또는 푸른색을 칠하였습니다. 이렇게 되면 중첩되지 않는 작은 선분이 1992개 얻어집니다. 만일 두 끝점의 색깔이 다른 선분을 표준선분이라고 한다면 표준선분의 개수가 홀수입니까 아니면 짝수입니까? 그 이유를 말해 보시오.

| 풀이 | 선분 AB 위의 분점 1개를 택했을 때 그 분점에 무슨 색(붉은색 또는 푸른색)을 칠했든지 표준선분은 여전히 1개입니다.

즉, 표준선분의 개수는 증가되지 않습니다. 그 후에 택한 분점들은 두 가지 경우가 나타납니다.

① 표준선분 위에 분점을 택한다면 표준선분의 개수가 증가하지 않습니다.

② 표준선분이 아닌 선분 위에 분점을 택했을 때 분점과 끝점이 같은 색깔이면 표준선분의 개수가 증가하지 않고, 분점과 끝점이 다른 색깔이면 표준선분이 2개 증가합니다.

이로부터 새 분점 1개를 택할 때(분점에 어떤 색을 칠했느냐에 관계없이)마다 표준선분의 개수가 증가하지 않거나 2개 증가함을 알 수 있습니다.

그러므로 표준선분을 2개 증가시킨 점이 $m(0 \leq m < 1991)$개라면 표준선분의 총 개수는 다음 식으로 표시할 수 있습니다.

$$1 + 2m + (1991 - m) \cdot 0 = 2m + 1$$

위 식에서 표준선분의 총 개수 $2m + 1$이 홀수임을 알 수 있습니다.

연습문제 26

01 1~9까지의 9개 숫자를 3행 3열로 줄을 지은 9개의 네모칸 안에 써넣되 다음과 같은 두 조건을 만족시키시오.

(1) 각 행을 세 자리 수로 본다면 제1행의 세 자리 수에 제2행의 세 자리 수를 더하면 제3행의 세 자리 수와 같게 됩니다.

(2) 적어도 두 연속된 숫자가 이웃되어 들어가도록 만들어야 합니다. 즉, 위 또는 아래, 왼쪽, 오른쪽에 이웃된 숫자가 있어야 합니다.

02 윗면이 위로 향한 컵이 홀수개 있습니다. 한 번에 짝수개 컵을 뒤집어 놓을 수 있다면 모든 컵의 윗면을 아래로 향하게 할 수 있습니까? 그 이유를 말하시오.

03 1~9까지의 9개 숫자를 다음 계산식의 동그라미 안에 써넣되 세 개 계산식이 동시에 성립되게 하시오.

$$\bigcirc + \bigcirc = \bigcirc$$

$$\bigcirc - \bigcirc = \bigcirc$$

$$\bigcirc \times \bigcirc = \bigcirc$$

04 탁구공 1987개를 몇 사람이 어떤 방법으로 나눠 가지든 나중에 홀수개 공을 가진 사람의 총수가 짝수로 될 수 없습니다. 무엇 때문입니까?

05 64는 몇 개의 연속하는 자연수의 합으로 될 수 없습니다. 무엇 때문입니까?

06 회의 참가자들은 서로 악수하게 되는데 두 사람의 악수를 1회로 합니다. 그렇다면 악수 횟수가 홀수인 사람의 총수는 홀수입니까 아니면 짝수입니까?

07 만일 a, b, c로 임의의 3개 정수를 표시한다면 $\dfrac{a+b}{2}$, $\dfrac{b+c}{2}$, $\dfrac{c+a}{2}$ 중에서 적어도 1개는 정수입니다. 무엇 때문입니까?

08 만일 n이 홀수이고 a_1, a_2, $\cdots$ a_n이 1, 2, 3, $\cdots$, n을 임의로 배열한 수열이라면 $(a_1+1)(a_2+2)\cdots(a_n+n)$이 반드시 짝수임을 증명하시오.

09 어느 학급의 49명 학생이 7행 7열로 앉아 있습니다. 만일 각 좌석의 전, 후, 좌, 우의 좌석을 모두 그 좌석의 이웃한 좌석이라고 부른다면 49명의 학생이 모두 자기 좌석을 떠나서 이웃한 좌석에 가 앉아 있을 수 있겠습니까? 그 이유를 말해 보시오.

10 다음 그림에서 이웃한 구역에 각각 다른 색을 칠하려고 합니다. 적어도 몇 가지 색을 써야 합니까?

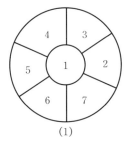

(1)

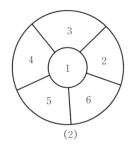

(2)

11 원둘레 위에 1부터 40까지의 번호를 붙인 40개의 점이 있습니다. 이제 임의의 번호 a(a는 1∼40 사이에 있음)를 택한 다음 이 번호에서부터 세어서 a개 위치에 있는 점(셀 때 a점은 포함하지 않음)에 붉은색을 칠하고 그 바로 아래 점에 푸른색을 칠합니다. 이렇게 한 결과 번호 a를 어떻게 택하든지 고정된 20개 점에 붉은색을 칠하게 되고 나머지 20개 점에 푸른색을 칠하게 된다는 것을 발견하게 됩니다. 무엇 때문입니까?

12 다음 그림은 크기가 같은 14개의 정사각형으로 이루어졌습니다. 어떤 방식으로 그림의 직선을 따라 자르든지 이웃한 2개 정사각형으로 이루어진 직사각형을 7개 자를 수 없음을 증명하시오.

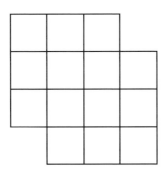

27 어려운 문제를 지혜롭게 풀 수 있는 여러가지 방법

수학 문제의 문제 풀이 방법은 무궁무진합니다. 이 장에서는 가장 기본적이고 중요하며 가장 널리 쓰이는 방법들을 집중적으로 배우기로 합니다.

1. 도표 분석법

문제를 올바로 분석하고 주어진 조건과 물음을 도형, 도표, 기호 등으로 간결하고 생동감 있게 표시한다면 조건과 조건 사이, 조건과 물음 사이의 관계를 직접 나타낼 수 있게 되어서 문제 풀이의 실마리와 방법을 보다 쉽게 찾을 수 있습니다. 이런 방법을 도표 분석법이라 합니다.

도표 분석법을 사용하면 추상적이던 것이 구체적으로 되고 복잡하던 것이 간결해지며 숨겨졌던 것이 드러나게 됩니다.

예제 01

(톨스토이의 문제) 몇 사람이 풀밭 두 뙈기의 풀을 모두 베려고 합니다. 큰 뙈기의 넓이는 작은 뙈기의 넓이의 2배입니다. 오전에 그들은 큰 뙈기의 풀을 베었습니다. 오후에 그들은 두 조로 나뉘어서 풀을 베었습니다. 한 조는 여전히 큰 뙈기에서 풀을 베었는데 저녁 무렵이 되자 큰 뙈기의 풀을 다 베었고, 다른 한 조는 작은 뙈기의 풀을 베었는데 저녁 무렵이 되자 이튿날 한 사람이 하루종일 벨 만큼의 풀이 남았습니다. 풀 베는 사람은 몇 명입니까?

| 풀이 | 문제의 뜻에 의하여 다음 그림을 그릴 수 있습니다. 만일 큰 뙈기의 넓이를 1이라 한다면 절반의 사람이 반나절 벨 수 있는 넓이는 $\frac{1}{3}$이라 할 수 있습니다. 따라서 작은 뙈기의 넓이는 $\frac{1}{2}$,

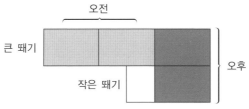

작은 뙈기에서 남은 넓이, 즉 한 사람이 하루종일 벨 수 있는 풀밭의 넓이는 $\dfrac{1}{2}-\dfrac{1}{3}=\dfrac{1}{6}$임을 알 수 있습니다. 그들이 하루 동안에 벨 수 있는 풀밭이 넓이는 $\dfrac{4}{3}$입니다. 그러므로 풀 베는 사람은 모두

$$\frac{4}{3}\div\left(\frac{1}{2}-\frac{1}{3}\right)=8(명)$$

∴ 풀 베는 사람은 모두 8명입니다.

예제 02

어느 직장에서 부속품을 3일 동안에 모두 가공할 임무를 맡았습니다. 그 결과 첫째 날에 부속품 총량의 $\dfrac{1}{3}$보다 30개 적게 가공하였고 둘째 날에 남은 양의 $\dfrac{1}{2}$보다 15개 많게 가공하였으며 셋째 날에 나머지 120개를 모두 가공하였습니다. 가공한 부속품은 모두 몇 개입니까?

| 풀이 | 만일 선분 AB로 부속품의 총 개수를 표시하고 C와 D로 선분 AB를 3몫으로 나누는 분점을 표시한다면 문제의 뜻에 의하여 다음 그림을 그릴 수 있습니다.

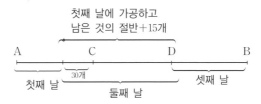

그림을 통해 이 부속품의 총 개수가 $120\times3=360(개)$임을 알 수 있습니다.

∴ 가공한 부속품은 모두 360개입니다.

🔟 이 문제를 만일 흔히 사용하는 산수적 또는 대수적 방법으로 푼다면 아주 복잡할 것입니다. 여기서는 도형을 이용하여 아주 간단하게 답을 구하였습니다.

예제 03

어느 공장에서 선풍기를 생산하려고 합니다. 그런데 만일 매일 50대씩 생산한다면 기한 내에 완성할 수 있는데 매일 60대씩 생산하여 5일 앞당겨 완성할 수 있었다고 합니다. 이 공장에서는 선풍기를 몇 대 생산하려는 것입니까?

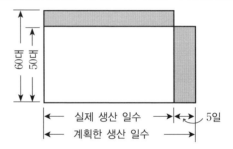

| 풀이 | 그림에서와 같이 직사각의 한 변으로 생산 시간을 표시하고 다른 한 변으로 하루 생산량을 표시한다면 이 직사각형의 넓이가 곧 총 생산량으로 됩니다. 생산 임무가 변하지 않기 때문에 어두운 두 직사각형의 넓이가 같습니다.

그러므로

$(60 - 50) \times$ 실제 생산일수 $= 50 \times 5$

실제 생산일수 $= 50 \times 5 \div 10 = 25$(일)

$60 \times 25 = 1500$(대)

∴ 이 공장에서 선풍기를 1500대 생산하려고 합니다.

예제 04

명호와 순철이는 한 아파트에서 살고 있습니다. 오늘 그들 둘은 자전거를 타고 동시에 출발해서 동시에 박 선생님네 집에 도착했습니다. 그런데 도중에서 명호가 쉰 시간은 순철이가 자전거를 탄 시간의 $\frac{1}{3}$만큼 되었고 순철이가 쉰 시간은 명호가 자전거를 탄 시간의 $\frac{1}{4}$만큼 되었다고 합니다. 그들 둘의 자전거 속도의 비는 얼마입니까?

| 풀이 | 먼저 명호가 쉰 시간을 x, 순철이가 쉰 시간을 y라고 한 다음 문제의 뜻에 의하여 그림을 그립니다.

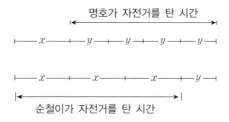

그림에서 $2x = 3y$, 즉 $\dfrac{x}{y} = \dfrac{3}{2}$임을 알 수 있습니다.
그러므로

$$\frac{\text{명호의 자전거 속도}}{\text{순철이의 자전거 속도}} = \frac{\text{순철이가 자전거를 탄 시간}}{\text{명호가 자전거를 탄 시간}}$$

$$= \frac{3x}{4y} = \frac{3}{4} \times \frac{x}{y} = \frac{9}{8}$$

∴ 그들 둘의 자전거 속도의 비는 $\dfrac{9}{8}$입니다.

2. 귀납 추리법

자연수와 관련되는 일부 문제를 풀 때에는 흔히 자연수의 크기에 따라 문제의 몇 가지 특수한 경우를 열거한 다음, 관찰, 분석, 비교를 거쳐 그들 사이에 존재하는 관계(특히 추리 관계)를 찾아내어 보편성을 띤 규칙을 알아내게 됩니다. 다음에 발견한 규칙에 근거하여 문제의 답을 구하게 됩니다.

이러한 문제 풀이 방법을 귀납 추리법이라고 합니다.

호연이는 똑같은 통 몇 개를 한 줄로 세워놓은 다음 한 통만을 비우고 똑같은 바둑알 50여 개(50~60개 사이)를 나머지 통 안에 갈라 넣고는 바깥에 나가 놀았습니다. 그 사이 그의 동생이 바둑알이 들어 있는 통에서 각각 바둑알 1개를 꺼내어 빈 통에 넣은 다음 통들을 다시 배열해 놓았습니다. 호연이가 돌아와서 세심히 살펴보았으나 아무도 건드린 것 같지 않았습니다. 통이 모두 몇 개입니까?

| 풀이 | 문제의 뜻에 의하여 원래 빈 통(A_1이라고 가정함) 이 하나 있다는 것과 동생이 통들을 건드린 후 여전히 빈 통(A_2이라고 가정함)이 하나 있다는 것을 알 수 있습니다. 또 동생의 장난으로부터 통 A_2에 원래 바둑알이 1개 있었음을 알 수 있습니다. 문제의 뜻에 의하면 동생이 통들을 건드린 후 바둑알 1개가 들어 있는 통이 하나 있게 되는데 이 통에는 원래 바둑알이 2개 들어 있었다고 말할 수 있습니다. … 이런 식으로 추리해 나간다면 호연이가 원래 각 통에 넣은 바둑알의 개수를 다음과 같이 쓸 수 있습니다.

$$0, \ 1, \ 2, \ 3, \ \cdots\cdots$$

그런데

$$0+1+2+3+\cdots+9=45$$
$$0+1+2+3+\cdots+9+10=55$$
$$0+1+2+3+\cdots+9+10+11=66$$

위의 계산식을 통하여 두번째 경우가 문제의 뜻에 맞는다는 것을 알 수 있습니다. 그러므로 통이 11개입니다.

다음 그림에서와 같이 직선상의 점 A와 B(두 점 사이의 거리는 1cm임)에 개구리가 각각 한 마리씩 있습니다. 먼저 A점의 개구리는 직선을 따라 B점에 관한 대칭점 A_1로, B점의 개구리는 A점에 관한 대칭점 B_1로 뜁니다. 다음 A_1점의 개구리는 B_1점에 관한 대칭점 A_2로, B_1점의 개구리는 A_1점에 관한 대칭점 B_2로 뜁니다. 이런 식으로 두 개구리가 각각 7번씩 뛴다면 원래 A점에 있던 개구리가 뛰어간 점 A_7로부터 B점까지의 거리는 몇 cm입니까?

$$\overline{\quad A_2 \qquad\qquad B_1 \quad A \quad B \quad A_1 \qquad\qquad B_2 \quad}$$

| 풀이 | 문제의 뜻에 의하면

$$A_1B_1 = 3AB = 3(\text{cm})$$
$$A_2B_2 = 3A_1B_1 = 3 \times 3 = 3^2(\text{cm})$$

이런 식으로 추리해 나간다면 7번 뛴 후

$$A_7B_7 = 3 \times A_6B_6 = 3^7(\text{cm})$$

분석을 통해 A_1, A_3, A_5, A_7이 B점의 오른쪽에 있음을 쉽게 알아낼 수 있습니다.

대칭성에 의하면

$$A_7B = (A_7B_7 - AB) \div 2 = (3^7 - 1) \div 2 = 1093(\text{cm})$$

∴ 각각 7번 뛴 후 원래 A점에 있던 개구리가 뛰어간 점 A_7로부터 B점까지의 거리는 1093cm입니다.

정사각형 종이에 원 1개를 그리면 이 원은 종이를 가장 많을 경우 5조각 (그림 (1))으로 나누고, 원 2개를 그리면 종이를 가장 많을 경우 9조각 (그림 (2))으로 나눕니다. 만일 원 3개를 그린다면 종이를 몇 조각으로 나눌 수 있습니까? 또 원 7개를 그리는 경우는 몇 조각입니까? 원 n개를 그리는 경우는 몇 조각입니까?

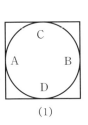

(1)

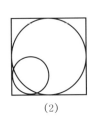

(2)

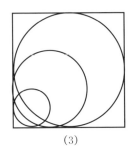

(3)

| 풀이 | 먼저 원이 1개, 2개, 3개인 경우를 분석하면서 규칙성을 찾습니다. 원의 위치와 분할된 조각수 사이의 관계를 살펴보면 다음과 같은 규칙성을 발견할 수 있습니다.

그림 (1)의 원과 정사각형은 4개의 공통점 A, B, C, D를 가집니다. 이때 종이는 1+4=5조각으로 나누어짐을 알 수 있습니다. 즉 조각수는 공통점의 개수만큼 증가합니다.

그림 (2)에서 새로 그린 원과 원래 도형은 4개의 공통점을 가집니다. 즉 그림 (1)보다 공통점이 4개 증가합니다. 따라서 종이는 5+4=9조각으로 나뉘어집니다.

그림 (3)에서 새로 그린 원과 원래 도형은 6개의 공통점을 가집니다. 즉 그림 (2)보다 공통점이 6개 증가합니다. 따라서 종이는 9+6=15조각으로 나뉘어집니다.

이런 규칙성에 좇아 귀납 추리한다면 원이 4개일 때는 3개일 때보다 8조각, 원이 5개일 때는 4개일 때보다 10조각, 원이 6개일 때는 5개일 때보다 12조각 더 증가함을 알 수 있습니다.

그러므로 7개인 경우 분할된 조각수는

$$5+4+6+8+10+12+14=59$$

원이 n개인 경우 분할된 조각수는

$$5+4+6+8+\cdots+2n$$
$$=3+2+4+6+8+\cdots+2n$$
$$=3+\frac{(2+2n)n}{2}$$
$$=n^2+n+3$$

3. 매거법

어떤 수학 문제는 조건과 물음 사이의 연계가 단일하지 않으므로 부동한 경우에 부동한 답이 있을 수 있습니다. 이때 문제 풀이의 편리를 위해 어떤 분류 표준에 따라 조건을 몇 가지 가능한 경우로 나눈 다음 개개의 경우에 맞는 답을 얻음으로써 결국 문제 풀이의 목적에 이르게 됩니다. 이런 문제 풀이 방법을 매거법(또는 열거법)이라 부릅니다.

매거법에 관해서는 제21장에서 이미 중심적으로 소개하였지만 여기서 몇 개의 예제를 더 들어 보겠습니다.

예제 08

모든 자연수 1, 2, 3, …을 임의로 2개 조로 나누었을 때 그 중의 한 조에 합이 완전제곱수인 두 수가 존재합니다. 무엇 때문입니까?

│ 분석 │ 조를 나누는 것을 임의로 한다 하므로 조를 나누는 모든 방법을 다 열거하여 분석 연구한다는 것은 불가능한 일입니다. 이런 경우 귀류법을 쓰는 것이 좋습니다. 즉 문제의 결론이 틀리다고 가정한 다음 이 가정의 기초 위에서 조를 나누고 각 조의 일부를 관찰함으로써 가설과 어긋나는 결론을 얻어냅니다.

│ 풀이 │ 먼저 문제의 결론이 맞지 않는다고 가정합시다. 즉 어떤 식으로 조를 나누어도 어느 조에나 합이 완전제곱인 두 수가 존재하지 않는다고 합시다.
만일 1이 제1조에 있다면 3, 8, 15, 24, …는 제2조에 있어야 할 것입니다.
3이 제2조에 있다면 6은 제1조에 있어야 할 것이고 6이 제1조에 있다면 3, 10, 19, …는 제2조에 있어야 할 것입니다.

$$\vdots$$

위의 열거 과정을 간단히 나타내면 다음과 같습니다.

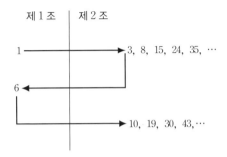

가정에 의하면 10과 15는 반드시 서로 다른 조에 있어야 합니다. 그런데 위의 표를 보면 10과 15는 똑같이 제2조에 있습니다. 그런데 $10+15=25=5^2$이므로 이는 가설과 어긋납니다. 그러므로 문제의 결론은 정확하다고 할 수 있습니다.

예제 09

4행 4열로 된 고누판의 임의의 6개 네모칸에 6개 말(한 칸에 기껏해서 말을 1개밖에 놓을 수 없음)이 놓여 있습니다. 2행과 2열의 말을 치우면 어쨌든 고누판의 모든 말을 거두어들일 수 있다는 것을 증명하시오.

| 분석 | 매거법을 사용하는 핵심은 '매거의 유형'을 어떻게 나누는가에 있습니다. 즉 몇 개 유형으로 나누는가 하는 데 있습니다. 분류법의 요구에 따르면 중복과 누락을 피해야 하며 분석에 편리해야 합니다. 이 문제의 분류 방법은 아주 많은데 여기서는 그 중의 한 가지만 소개합니다.

| 풀이 | 제1행과 제2행의 말의 합을 표준으로 삼아 분류하면 합이 4보다 작지 않은 것, 합이 3과 같은 것, 합이 2보다 크지 않은 것이 세 가지밖에 없습니다.

(1) 합이 4보다 작지 않을 때 제1행과 제2행의 말을 치우면 적어도 4개의 말을 거두어들일 수 있으므로 남은 말은 많아야

2개입니다. 이제 그 말들이 있는 열(많아야 2개 열)의 말을 치우면 모든 말들을 다 거두어들이게 됩니다. 이것은 이 경우에 문제의 결론이 성립함을 증명해 줍니다.

(2) 합이 3과 같을 때 서랍의 원리에 의하여 제1행과 제2행의 어느 1행에 적어도 2개의 말이 있음을 알 수 있습니다(제1행에 있다고 가정함). 같은 이치로 제3행과 제4행의 어느 1행에 적어도 2개의 말이 있음을 알 수 있습니다(제3행에 있다고 가정해도 무방함). 이때 제1행과 제3행의 말을 치우면 적어도 4개의 말을 거두어들일 수 있으므로 남는 말은 많아야 2개입니다. 이제 그 말들이 있는 열(많아야 2개 열)의 말을 치우면 모든 말들을 다 거두어들이게 됩니다. 이것은 이 경우에도 결론이 성립함을 증명해 줍니다.

(3) 합이 2보다 크지 않을 때 제3행과 제4행에 놓은 말의 합이 적어도 4개입니다. (1)에서와 같이 제3행, 제4행과 나머지 말이 있는 열(많아야 2개 열)의 말을 치우면 모든 말들을 다 거두어들이게 됩니다. 이것은 이 경우에도 결론이 성립함을 증명해 줍니다.

위의 세 가지 경우를 종합해 보면 문제의 결론이 정확하다는 것을 알 수 있습니다.

4. 가설 추측법

어떤 응용 문제는 수량 관계가 비교적 복잡하고 어떤 추리 문제는 사물 사이의 연계가 가로세로로 엇갈리어 일반적인 문제 풀이 방법으로는 그 답을 구하기 어렵습니다. 이때 '가설'을 이용하여 문제의 복잡한 조건을 간단히 할 수 있거나, 모르는 조건을 알고 있는 조건으로 바꾼 다음 가설로 인하여 생긴 차이에 대하여 분석 추측함으로써 답을 구할 수 있습니다.

이와 같이 추리 경로를 바꾸는 문제 풀이 방법을 가설 추측법이라고 합니다.

풀의 밀도가 똑같은 목장이 3개 있는데 넓이가 각각 $3\frac{1}{3}$ha, 10ha, 24ha입니다. 첫째 목장에 소 12마리를 풀어놓으면 4주일이면 풀을 다 먹을 수 있고 둘째 목장에 소 21마리를 풀어놓으면 9주일이면 풀을 다 먹을 수 있습니다. 셋째 목장에 몇 마리의 소를 풀어놓아야 18주일이면 풀을 다 먹겠습니까?

| 풀이 | 먼저 소 1마리가 1주일 동안에 먹는 풀량을 1이라 가정합시다. 첫째 목장의 넓이를 3배로 확대한다면 10ha로 되어 4주일 동안에 $48 \times 3 = 144$의 풀을 제공할 수 있게 됩니다. 이것은 둘째 목장과 비교하면 다음의 것을 알 수 있습니다.

10ha의 둘째 목장에서 $9 - 4 = 5$주일 사이에 $189 - 144 = 45$의 풀이 새로 자라납니다. 다시 말해서 1주일 사이에 $45 \div 5 = 9$라는 풀이 새로 자라납니다.

10ha의 목장에 원래 있는 풀량은 $189 - (9 \times 9) = 108$입니다.

목장	넓이	소마릿수	풀을 다 먹는 시간 (주일)	풀량
첫째 목장	$3\frac{1}{3}$ha	12	4	$12 \times 4 = 48$
	$3 \times 3\frac{1}{3}$ha	$3 \times 12 = 36$	4	$3 \times 48 = 144$
둘째 목장	10ha	21	9	$9 \times 21 = 189$
셋째 목장	24ha	?	18	

위의 표로 미루어 알 수 있듯이 24ha의 목장이 18주일 동안에 제공할 수 있는 풀량은

$$108 \times 2.4 + 9 \times 2.4 \times 18$$

그런데 소 1마리가 18주일 동안에 먹는 풀량은 18입니다. 그러므로 셋째 목장에 풀어놓을 수 있는 소 마릿수는

$(108 \times 2.4 + 9 \times 2.4 \times 18) \div 18 = 36$(마리)입니다.

갑, 을, 병, 정 네 학생이 수학, 국어, 물리, 화학 네 과목에서 1등한 학생이 누구인가를 추측하였습니다.

갑 : 정이 화학에서 1등하였을 것입니다.

을 : 병이 국어에서 1등하였을 것입니다.

병 : 갑이 수학에서 1등하지 못했을 것입니다.

정 : 을이 물리에서 1등하였을 것입니다.

나중에 발표된 성적을 보니 네 학생이 각각 어느 과목에서 1등하였다는 것과 수학에서 1등한 학생과 화학에서 1등한 학생의 추측이 맞고 다른 두 학생의 추측이 틀렸음이 확인되었습니다. 그렇다면 이 네 학생은 각각 어느 과목에서 1등하였겠습니까?

| 풀이 | 네 학생 중에서 두 학생의 추측이 정확하다고 하므로 이 두 학생에 한해서 다음과 같은 여섯 자기 가설을 세울 수 있습니다.

① 갑, 을 두 학생의 추측이 맞다면 정이 화학에서 1등을 했다고 할 수 있습니다. 문제에서 화학에서 1등을 한 학생의 추측이 맞다고 하였으므로 정의 추측이 맞다고 할 수 있습니다. 이렇게 되면 갑, 을, 정 세 학생의 추측이 맞는 것으로 되는데 이는 문제의 뜻에 어긋납니다. 그러므로 '갑, 을 두 학생의 추측이 맞다' 는 가설은 성립되지 않습니다.

② 갑, 병 두 학생의 추측이 맞다고 가정합시다. 그렇게 되면 ①과 마찬가지로 문제의 뜻에 어긋나게 됩니다. 그러므로 '갑, 병 두 학생의 추측이 맞다' 는 가설도 성립되지 않습니다.

③ 갑, 정 두 학생의 추측이 맞다고 가정하면 을, 병 두 학생의 추측이 틀리다고 할 수 있습니다. 따라서 화학에서의 1등은 정, 물리에서의 1등은 을, 수학에서의 1등은 갑과 병이라는 결론이 얻어집니다. 이것은 문제의 뜻에 어긋납니다. 그러므로 '갑, 정 두 학생의 추측이 맞다' 는 가설도 성립되지 않습니다.

④ 을, 병 두 학생의 추측이 맞다고 가정하면 병이 국어에서 1등을 했다는 추측이 맞는 것으로 됩니다. 이것은 '수학에서

1등을 한 학생과 화학에서 1등을 한 학생이 추측이 맞다'는 주어진 조건에 어긋납니다. 그러므로 '을, 병 두 학생의 추측이 맞다'는 가설도 성립되지 않습니다.

⑤ 을, 정 두 학생이 추측이 맞다고 가정하면 을이 물리에서 1등을 하였다는 추측이 맞다고 할 수 있습니다. 이것도 문제의 뜻에 어긋납니다. 그러므로 '을, 정 두 학생의 추측이 맞다'는 가설도 성립되지 않습니다.

⑥ 병, 정 두 학생의 추측이 맞다고 가정합시다. 그러면 병, 정이 수학과 화학에서 1등을 하였다고 할 수 있습니다. 또 다른 두 학생의 추측이 틀리다는 조건에 의하여 수학에서의 1등은 정, 화학에서의 1등은 병이라는 결론이 얻어집니다. 정의 추측이 맞다 하므로 물리에서의 1등은 을이라고 할 수 있습니다. 이렇게 되면 국어에서의 1등은 갑일 수밖에 없습니다. 그러므로 국어에서의 1등은 갑, 물리에서의 1등은 을, 화학에서의 1등은 병, 수학에서의 1등은 정이라는 것이 이 문제의 정답이 됩니다.

01 어느 학교에서 남자 선생님의 $\frac{1}{11}$과 여자 선생님 12명을 선출하여 체육 시합에 내보냈더니 남은 남자 선생님의 수가 남은 여자 선생님의 수의 2 배였다고 합니다. 만일 이 학교에 선생님이 모두 156명 있다면 남자 선생님과 여자 선생님은 각각 몇 분입니까?

02 유치원에 모두 3개 반이 있는데 갑반은 을반보다 4명 더 많고 을반은 병반보다 4명 더 많다고 합니다. 선생님이 모든 어린이에게 대추를 나누어 주었는데 갑반의 어린이는 을반의 각 어린이보다 각각 대추 3알을 적게 나누어 가졌고 을반의 어린이는 병반의 각 어린이보다 각각 대추 5알을 적게 나누어 가졌다고 합니다. 그 결과 갑반은 을반보다 모두 대추 3알을 더 나누어 가졌고 을반은 병반보다 모두 대추 5알을 더 나누어 가졌습니다. 3개 반에서 나누어 가진 대추는 모두 몇 알입니까?

03 여우의 속력은 토끼의 속력의 $\frac{2}{3}$이고 토끼의 속력은 다람쥐와 속력의 2 배입니다. 다람쥐가 1분 동안에 여우보다 14m 적게 달린다면 토끼는 30 초 동안에 여우보다 몇 미터 더 달리겠습니까?

04 대, 중, 소 세 가지 크기의 통이 모두 50개 있는데 탁구공을 큰 통 1개에 70개, 중간 크기의 통 1개에 30개, 작은 통 1개에 20개 넣었더니 모두 1800개 넣었습니다. 만일 중간 크기의 통의 개수가 작은 통 개수의 3배임을 안다면 세 가지 크기의 통이 각각 몇 개입니까?

05 다음 그림에서와 같이 한 변의 길이가 1m인 정사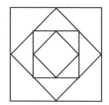
각형이 있는데 각 변의 중점을 연결하면 둘째 정사
각형이 얻어지고 둘째 정사각형의 각 변의 중점을
연결하면 셋째 정사각형이 얻어집니다. 이런 식으
로 연결한다면 정사각형을 무수히 얻을 수 있습니
다. 열 번째 정사각형의 넓이는 얼마입니까?

06 2×3, 3×5, 4×8식의 모눈종이 위에 있는 정사각형의 개수에 의해
$m \times n$(m과 n은 자연수, $m \leq n$임)식의 모눈종이 위에 있는 정사각형의
개수를 계산하는 공식을 귀납해 보시오.

07 어느 버스 노선에 출발역과 종착역을 포함하여 역이 모두 15개 있습니
다. 만일 종착역을 제외하고 어느 역이나 오르는 손님 중에 그 역에서 다
음 각 역까지 가는 손님이 각각 한 분씩 있다면 손님마다 좌석에 앉게 하
기 위하여 버스에 좌석을 적어도 몇 개 마련해야 하겠습니까?

08 같은 숫자로 이루어진 자연수 중에 완전제곱수가 모두 몇 개 있습니까?
그것들을 다 써보시오.

09 꼴이 $1!+2!+3!+\cdots+n!$인 수 중에 완전제곱수가 몇 개 있습니까? 그것들을 다 써보시오.

10 거미에게는 8개의 다리가 있고 잠자리에게는 6개의 다리와 2쌍의 날개가 있으며 매미에게는 6개의 다리와 1쌍의 날개가 있습니다. 지금 이 세 가지 곤충이 18마리 있는데 118개의 다리와 20쌍의 날개가 있다고 합니다. 이 세 가지 곤충은 각각 몇 마리 있습니까?

11 A, B, C, D, E 다섯 학생이 수학 경시 대회를 앞두고 등수를 추측하였습니다.

> A : B가 3등, C가 5등일 것입니다.
> B : D가 2등, E가 4등일 것입니다.
> C : A가 1등, E가 4등일 것입니다.
> D : C가 1등, B가 2등일 것입니다.
> E : D가 2등, A가 3등일 것입니다.

경시 대회 결과 각 학생의 추측이 절반씩 맞다는 것이 증명되었습니다. 이 다섯 학생의 등수를 쓰시오.

초등 수학
올림피아드
실전 예상문제

이 문제는 '경시대회 초등수학 길잡이'의 저자 정호영 선생님이 만드신 예상 문제입니다. 독자들의 의문 사항이나 지도 편달은 정호영 선생님의 이메일(lg4r7u@hitel.net)로 하시면 됩니다.

05회 초등 수학 올림피아드 실전 예상문제

다음의 올림피아드 실전 예상문제는 문제의 양이나 채점 기준면에서 모두
전국 초등 학교 수학 경시 대회의 문제와 같습니다.
선택 문제가 10개로서 각 문제가 10점이고, 만점은 100점입니다.
주어진 시간은 1시간입니다.

| 실전 예상문제 | 문항 10 | 시간 1 | 배점 100 |

01 어떤 암호 규칙에 따르면 3710304224는 Seoul이고 3530043040은
Robot을 나타낸다고 합니다. 그렇다면 5117010509는 무엇을 나타냅
니까? 답은 영어로 나왔지만 우리말로 번역해서 세 글자로 답하시오.

① 엄청난   ② 숨은꽃   ③ ZI최고   ④ 우울한   ⑤ 살다본

02 다음과 같이 검은 색 종이를 네 번 접은 뒤에 점선을 따라서 자릅니다.

이제 자른 색종이를 다시 펼치면 다음 중 어떤 모양의 선대칭도형이 나옵
니까?

①   ②   ③   ④   ⑤

03 여섯 자리의 수 '이수는무얼까'와 한 자리의 수 '까'의 곱셈에 관한 다음 세로 곱셈에서 서로 다른 글자는 각각 서로 다른 숫자를 나타냅니다.

$$
\begin{array}{r}
이\,수\,는\,무\,얼\,까 \\
\times \qquad\qquad 까 \\
\hline
답\,답\,답\,답\,답\,답
\end{array}
$$

'답'에 해당하는 수는 무엇입니까?

① 3   ② 5   ③ 7
④ 8   ⑤ 9

04 1부터 10까지 쓰여진 카드가 각각 5장씩인 카드 50장을 가지고 게임을 합니다. 한 사람이 7장의 카드를 뽑아서 쓰여진 세 수의 합이 11의 배수가 되면 그 카드를 가지고 갑니다. 이 게임을 여러 번 하다 보니 1장이 남는 경우가 생겼다. 이때, 남은 한 장에 쓰인 수는 얼마일지 생각하여 다음 보기에서 하나만 고르시오.

① 5
② 7
③ 9
④ 앞의 3개의 보기에 있지 않은 또 다른 어떤 숫자가 답이다.
⑤ 문제의 설명이 말이 되지 않는다.

05 좌표평면 위의 점 P(x, y)가 다음과 같은 세 가지 규칙에 따라서 이동하거나 또는 이동하지 않거나 합니다.

> 규칙 1 : $y=2x$이면 이동하지 않는다.
> 규칙 2 : $y<2x$이면 x축 방향으로 -1만큼 이동한다.
> 규칙 3 : $y>2x$이면 y축 방향으로 -1만큼 이동한다.

점 P가 점 A$(6, 5)$에서 출발하여 어떤 점 B에서 더 이상 이동하지 않게 되었습니다. A에서 B에 이르기까지 이동한 횟수는?

① 4   ② 5   ③ 6   ④ 7   ⑤ 8

06 다음 그림 중 왼쪽 그림처럼 가장 큰 정사각형과 중간 크기 정사각형과 가장 작은 정사각형이 있습니다. 그리고 이 그림에는 8개의 직각 삼각형이 있습니다.

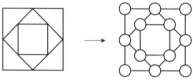

이제 이들 세 개의 정사각형의 꼭짓점에 오른쪽 그림처럼 동그라미를 그리고 그 안에 어떤 수들을 다음과 같이 써넣으려 합니다. 가장 큰 정사각형의 네 꼭짓점에 1, 2, 3, 4를 각각 한 개씩 나누어 배치하고, 중간 크기의 정사각형의 네 꼭짓점에도 1, 2, 3, 4를 각각 한 개씩 나누어 배치하고, 가장 작은 정사각형의 네 꼭짓점에도 1, 2, 3, 4를 각각 한 개씩 나누어 배치합니다.

⑴ 그렇게 배치할 때 8개의 각 삼각형마다 세 꼭짓점에 배치된 수들의 합이 모두 서로 같도록 배치하는 것이 가능합니까 아니면 불가능합니까?
⑵ 그리고 8개의 각 삼각형의 꼭짓점에 배치된 수들의 합이 모두 서로 다르게 배치하려는 것은 가능합니까 아니면 불가능합니까?

① ⑴ 가능, ⑵ 가능   ② ⑴ 가능, ⑵ 불가능
③ ⑴ 불가능, ⑵ 가능   ④ ⑴ 불가능, ⑵ 불가능
⑤ 앞 4개의 보기에는 답이 없다.

07 어떤 시계가 있는데 이 시계는 연도와 날짜 그리고 시각을 모두 나타내
주는 시계입니다. 만약 타임머신을 타고 과거로 돌아가서 이 시계가 가리
키는 현재의 시각이 2000년 1월 24일 월요일 오전 2시를 가리킨다면 그
로부터 정확히 앞으로 10000시간 후면 이 시계는 몇 년 몇 월 몇 일 무슨
요일 몇 시의 시각을 가리키게 됩니까? 요일만 답하시오.

① 월 　　　　　② 화 　　　　　③ 수
④ 목 　　　　　⑤ 금

08 어떤 물통에 물을 가득 채우는 데 A, B 호스로는 각각 3시간, 4시간씩
걸리며, 또 가득 찬 물을 C 호스로 다 빼내는 데는 8시간이 걸렸습니다.
A, B 호스로 물을 넣고 동시에 C 호스로 물을 뺀다면 물통에 물을 가득
채우는 데 약 몇 시간 몇 분이 걸리겠습니까?

① 2시간 　　　　　② 2시간 10분 　　　　　③ 2시간 20분
④ 2시간 30분 　　　　　⑤ 2시간 40분

09 정호가 아침 8시 30분에 집에서 학교로 출발했습니다. 학교 공부를 마치
고 오후 1시 30분에 집에 도착하였습니다. 그 동안 시계의 긴 바늘은 몇
바퀴를 돌았습니까?

10 100! − 1을 계산했더니 그 답이 a였다. a의 끝수와 연속하여 인접한 9는
끝수까지 포함하여 최소한 24개임을 증명하시오. 여러분의 이해를 돕기
위하여 예를 하나만 들어 보면 16! − 1 = 20922789887999이므로
16! − 1의 끝수에 연속하여 인접한 9는 끝수까지 포함하여 3개입니다.

실전 예상문제	문항 10	시간 1	배점 100

01 아래의 전개도를 가위로 오려서 테이프를 붙여 조립했을 때 생기는 도형에서 모서리 CD와 평행인 모서리들은 모두 몇 개가 있습니까? 단, 그림에서 점선은 접는 금을 뜻합니다.

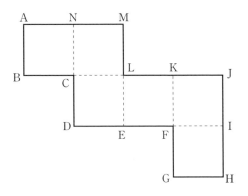

① 1개   ② 2개   ③ 3개

④ 4개   ⑤ 5개

02 그림과 같이 위는 좁고 아래는 넓은 컵에 물이 반 넘게 담겨 있습니다.
이제 이 컵을 오른쪽으로 기울이다가 물이 쏟아질랑 말랑하는 순간에 기울이는 것을 멈추었습니다. 이때 보이는 수면의 모양은 다음 중 어떤 것입니까?

① ○　　　② ◇　　　③ ⬭　　　④ ⬪　　　⑤ ⬬

03 예를 들어 정수 33333은 5개의 3이 연속으로 계속되는 5자리의 자연수입니다. 그리고 33333의 각 자리에 있는 숫자들의 총합은 15입니다. 이제 문제를 풀어 봅니다. 정수 a는 2005개의 6이 연속으로 계속되는 2005자리의 자연수이고, 정수 b는 2005개의 5가 연속으로 계속되는 2005자리의 자연수입니다. 그렇다면 $9 \times (a+b)$를 계산한 결과 구해지는 수의 각 자리에 있는 숫자들의 총합은?

① 18045　　　　② 17293　　　　③ 18745
④ 12354　　　　⑤ 34213

04 다음 그림에서 ㉮는 잘 살펴보면 단지 1개의 고리가 복잡하게 얽힌 것입니다. 그렇다면 ㉯, ㉰, ㉱에 얽혀 있는 고리들은 모두 몇 개의 서로 다른 고리들로 이루어졌을까 생각해 봅니다. ㉯, ㉰, ㉱에 얽혀 있는 고리들의 개수를 모두 합하여 하나의 수로 답하시오.

① 5개　　　　② 7개　　　　③ 9개
④ 11개　　　　⑤ 13개

05 반지름의 길이가 r이고 높이가 1인 원기둥에 물이 들어 있습니다. 원기둥을 수평으로 뉘었을 때, 수면과 옆면이 만나서 이루는 현에 대한 중심각은 $60°$입니다. 원기둥을 세웠을 때, 수면의 높이 h를 구하시오. (단, $0 < h < \dfrac{1}{2}$)

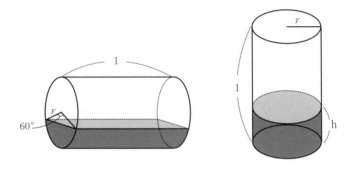

06 다음 두 진술이 모두 참이라고 할 때 다음 중 옳은 것을 고르시오.

> (가) 장기를 잘 두는 사람은 머리가 좋다.
> (나) 장기를 잘못 두는 사람은 과학과 효도를 잘못한다.

① 장기를 잘하는 사람은 과학을 잘한다.
② 과학과 효도를 잘못하는 사람은 장기를 잘못한다.
③ 머리가 좋은 학생은 과학을 잘한다.
④ 효도를 잘못하는 학생은 장기를 잘못 둔다.
⑤ 효도를 잘하는 학생은 머리가 좋다.

07 다음 그림은 바코드 심벌과 그 내용입니다.

바코드에는 체크 숫자라는 것이 있습니다. 홀수번째 숫자들의 합과 짝수번째 숫자들의 합의 3배를 더해서 끝수가 0으로 끝나면 올바른 바코드이고 그렇지 않으면 잘못된 바코드입니다. 예를 들어 8803996200378은 어떤가 알아봅시다.

$$(8+0+9+6+0+3+8)+3\times(8+3+9+2+0+7)=121$$

이므로 끝수가 0이 아니니까 옳지 않은 바코드입니다.

오늘 수정이네 슈퍼마켓에 설치된 판독기가 고장나서 사용할 수 없게 되었습니다. 그래서 수정이는 컴퓨터의 키보드를 이용하여 바코드를 손수 입력하였습니다. 수정이는 아래의 바코드를 컴퓨터에 손수 입력하였는데

$$8801037002782$$

그만 실수하여 바코드의 끝부분에 있는 27(밑줄 그은 부분)을 72로 틀리게 입력하였습니다. 대개는 사람이 실수하여 숫자를 틀리게 입력하면 컴퓨터에서 '오류'라는 빨간 불이 들어오면서 '삑삑'하는 소리가 납니다. 그런데 조금 전 수정이가 잘못 입력하였을 때 컴퓨터는 전혀 오류 표시를 내보내지 않았습니다. 수정이는 그 까닭을 다음과 같이 여러 가지로 생각해 보았습니다.

① 컴퓨터가 구식이라서 그런가?

② 이 컴퓨터는 체크 숫자를 무시하고 있나?

③ 8801037002782와 8801037007282가 똑같은 상품의 바코드로 등록되었나?

④ 원래 잘못된 바코드였는데 내가 다시 잘못 입력하는 과정에서 우연히 제대로 된 바코드가 되었나 보다.

⑤ 컴퓨터는 잘못이 없을 것이다.

위 수정이의 생각 가운데 가장 옳은 것을 찾아보시오.

08 게임 실력이 같은 두 명의 친구 철수, 형채가 상금 2000원을 걸고 게임을 하였습니다. 반드시 5차례 게임을 하여 먼저 3차례를 이긴 사람이 상금 2000원을 모두 가지기로 했습니다. 게임을 시작하고 나서 철수가 두 번 이기고, 형채가 한 번 이긴 상황이 되었는데 갑자기 게임장에 화재가 발생하여 게임이 중단되었습니다. 상금을 어떻게 나누어야 합리적일지 고려했을 때 형채가 받아야 할 상금은 얼마입니까? (단, 게임은 비기는 경우는 절대 없고, 어느 한쪽이 반드시 이긴다고 한다.)

① 300원 　　　　② 400원 　　　　③ 500원
④ 800원 　　　　⑤ 1000원

09 철수는 옆집 이쁜이를 좋아하고 있습니다. 2014년 7월 24일에 대학생인 철수는 그 날 일기장에 "나는 옆집 이쁜이와 꼭 결혼해서 (★♥ × ★♥) 년 현재 내 나이 ★♥살이 되는 해에 노벨상을 타겠다."라고 황당한 글을 썼습니다.
철수의 일기대로 실천이 된다면 철수가 몇 살이 되는 해에 우리가 철수의 노벨상 수상 기념식을 보게 됩니까? (단, 여기서 ★♥은 두 자리의 수이다.)

① 40살 　　　　② 41살 　　　　③ 42살
④ 43살 　　　　⑤ 45살

10 한 바퀴 돌면 12시간 가는 시계가 가리키는 시각을 보니 현재 4시 45분입니다. 이때 두 바늘이 이루는 각 중 작은 쪽의 각의 크기는 몇 도입니까?

① 125° ② 127.5° ③ 130°
④ 132.5° ⑤ 150°

07^회 초등 수학 올림피아드 실전 예상문제

다음의 올림피아드 실전 예상문제는 문제의 양이나 채점 기준면에서 모두 전국 초등
학교 수학 경시 대회의 문제와 같습니다.
선택 문제가 10개로서 각 문제가 10점이고, 만점은 100점입니다.
주어진 시간은 1시간입니다.

| 실전 예상문제 | 문항 10 | 시간 1 | 배점 100 |

01 $\frac{1}{70}$ 을 소수로 고친다면 소숫점 이하 제 2016번째 자리에 오는 숫자는
무엇입니까?

02 다음 그림의 선분 AB에 서로 다른 점 6개를 찍은 후에 보이는 선분은 모
두 몇 개가 더 많아지게 됩니까? 예를 들어 점 하나를 찍으면 보이는 선
분은 모두 3개가 되므로 선분은 2개 더 많아졌음을 알 수 있습니다.

03 다음 그림처럼 가로 세로가 각각 30cm인 정육면체 모양의 쌓기나무들을 규칙적으로 쌓고 있습니다. 50단까지 쌓아서 거대한 입체도형을 하나 만들고자 합니다. 이 거대한 입체도형을 만드는데 맨 밑의 단에 사용된 쌓기나무는 모두 몇 개입니까?

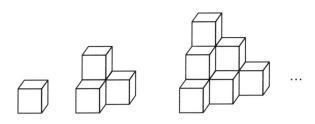

04 학생이 4명이 있는데 3명씩 묶어서 체중을 재어서 얻은 값이 각각 126, 129, 130, 131(단위는 kg)이었습니다. 이 4명의 학생의 평균몸무게는 얼마입니까?

05 모서리 길이가 정수(단위는 cm)인 직육면체의 여섯 개 면에 빨간 색칠을 합니다. 그리고 모서리의 길이가 1cm인 작은 정육면체로 잘라냅니다. 이러한 작은 정육면체에서 6개의 면이 전부 빨간색이 없는 것은 12개 있고 2개의 면만 빨간색인 것은 28개일 때, 1개의 면만 빨간색인 것은 몇 개 있습니까?

06 국제회의에 참가한 사람들이 모두 1A75B명 있습니다. 여기서 1A75B는 다섯 자리의 수이며 A, B는 각각 서로 다른 한 자리의 자연수를 뜻합니다. 이 모든 사람들을 56명씩 앉는 긴 의자들에 56명씩 앉히니까 좌석이 남지도 모자라지도 않았습니다. A와 B의 합이 9로 나누어떨어진다면 A와 B의 차를 구하시오.

07 A와 B의 간헐온천이 두 개 있습니다. A온천은 6분 동안마다 주기적으로 3분간은 물이 나오고 3분간은 물이 안 나옵니다. 이렇게 나왔다가 안 나왔다가 하는 것이 6분마다 주기적으로 반복된다고 합니다.

B온천은 8분 동안마다 주기적으로 4분간은 물이 나오고 4분간은 물이 안 나옵니다. 이렇게 나왔다가 안 나왔다가 하는 것이 8분마다 주기적으로 반복된다고 합니다. 지금 두 온천이 동시에 물이 나오기 시작하였습니다. 지금부터 1분 동안 두 온천이 동시에 같이 물이 나오는 시간이 2분 이상 있었던 시간들의 총합을 구하시오.

08 *abc*, *abcbcbc*, *abcab*, … 처럼 문자 *a*, *b*, *c*만으로 이루어진 단어를 만드는데, 맨 처음 왼쪽엔 *a*로 시작되어야 하고, 임의의 이웃한 두 문자는 항상 서로 다른 문자이어야 하며, 맨 마지막 오른쪽 끝의 자리는 *a*가 아닌 문자로 끝나는 단어를 만들고자 합니다. 이러한 단어 중에서 5개의 문자로 이루어진 단어는 최대한 몇 개까지 만들 수 있습니까? 이 문제는 예컨대 *abcab*, *acbcb*, …등과 같은 단어가 몇 개인지 묻는 문제입니다.

09 $101^2+102^2+103^2+\cdots+998^2+999^2+1000^2$의 값을 구하시오. 참고로 $n(n+1)=\dfrac{1}{3}\{n\times(n+1)\times(n+2)-(n-1)\times n\times(n+1)\}$이며, 여기서 n은 자연수입니다.

10 갑, 을, 병 세 학교의 학생의 총수는 모두 합해서 2019명입니다. 갑 학교의 학생 수의 2배는 을 학교의 학생 수에서 3을 뺀 값과 서로 같고, 또 이 값은 병학교의 학생 수에 4를 더한 값과 서로 같습니다. 그렇다면 병 학교의 학생들은 모두 몇 명입니까?

연습문제 해답

연습문제 해답

1 (1) $4.\dot{7}$　(2) $4.7\dot{8}$　(3) $1.\dot{7}\dot{8}$　(4) $5.2\dot{8}0\dot{4}$　(5) $2.34\dot{2}35\dot{1}$

　(1), (3) 순순환소수　(2), (4), (5) 혼순환소수

2 $4\dfrac{5}{8}=4.625$　　$3\dfrac{2}{3}=3.\dot{6}$　　$\dfrac{7}{20000}=0.00035$　　$1\dfrac{5}{7}=1.\dot{7}1428\dot{5}$

　$\dfrac{13}{42}=0.3\dot{0}9523\dot{8}$

3 $2.3\dot{8}\dot{0}=2\dfrac{377}{990}$　　$0.\dot{8}0\dot{3}=\dfrac{803}{999}$　　$5.\dot{3}0\dot{6}=5\dfrac{34}{111}$　　$7.6\dot{0}7\dot{4}=7\dfrac{82}{135}$

4 유한소수로 고칠 수 있는 것 : $\dfrac{4}{5}$, $\dfrac{5}{8}$, $\dfrac{3}{40}$, $\dfrac{18}{125}$

　유한소수로 고칠 수 없는 것 : $\dfrac{4}{11}$, $\dfrac{5}{6}$, $\dfrac{8}{15}$, $\dfrac{1}{3}$, $\dfrac{2}{7}$

5 $1.\dot{1}0010203\dot{1}$

6 $0.3\dot{4}\dot{5}=0.3\dot{4}5\dot{4}$

7 (1) $\dfrac{7}{10}<70.6\%<0.7\dot{0}<0.71<0.\dot{7}$

　(2) $3.14<3.1\dot{4}<\pi<3.1\dot{4}$

8 규칙성 : 순환마디가 1, 4, 2, 8, 5, 7의 6개 숫자로 구성되었는데 고정적인 순서로 나타남. 순환마디 중 한 숫자만 알면 기타 숫자는 고정된 순서로 배열할 수 있습니다.

　$\dfrac{5}{7}=0.\dot{7}1428\dot{5}$　　$\dfrac{18}{7}=2\dfrac{4}{7}=2.\dot{5}71428\dot{5}$

9 2. 왜냐하면 $0.\dot{0}2\dot{7}\times0.\dot{1}53846\dot{6}=\dfrac{27}{999}\times\dfrac{153846}{999999}=\dfrac{4158}{999999}=0.00\dot{4}158\dot{5}$이기 때문입니다.

10 (1) $\dfrac{1}{10}$　(2) $\dfrac{161}{256}$　(3) $\dfrac{1}{9}$　(4) 2　(5) $3\dfrac{7}{12}$　(6) $2\dfrac{1}{67}$

11 (1) 원식$=\dfrac{(1+7)+(1+7)+(2+6)+(2+6)+(3+5)+(3+5)+(4+4)+8}{88888888\times88888888}$

　　$=\dfrac{8\times8}{88888888\times88888888}=\dfrac{1}{123456787654321}$

(2) 0.8888888889

(3) 1234567890

(4) $\dfrac{101}{200}$

(5) 원식 $= \dfrac{1 \times 2 \times 3 \ (1^3 + 2^3 + \cdots + 100^3)}{2 \times 3 \times 4 \ (1^3 + 2^3 + \cdots + 100^3)} = \dfrac{1}{4}$

12 작은 것에서 큰 것으로의 순서 : $\dfrac{10}{519}$, $\dfrac{35}{1814}$, $\dfrac{21}{1088}$, $\dfrac{14}{725}$, $\dfrac{15}{776}$

왜냐하면

$$\dfrac{10}{519} = \dfrac{1}{51 + \dfrac{9}{10}}, \ \dfrac{14}{725} = \dfrac{1}{51 + \dfrac{11}{14}}, \ \dfrac{15}{776} = \dfrac{1}{51 + \dfrac{11}{15}},$$

$$\dfrac{21}{1088} = \dfrac{1}{51 + \dfrac{17}{21}}, \ \dfrac{35}{1814} = \dfrac{1}{51 + \dfrac{29}{35}} \ \text{에서} \ \dfrac{9}{10}, \ \dfrac{11}{14}, \ \dfrac{11}{15}, \ \dfrac{17}{21}, \ \dfrac{29}{35}$$

의 크기를 비교(통분한 후 비교함)하면 알 수 있습니다.

13 $\dfrac{61}{495} = 0.1\dot{2}\dot{3}$, $(100 - 1) \div 2 = 49$(나머지 1)이기 때문에 제100자리 숫자는 2 입니다.

연습문제 16

1 $\dfrac{1}{11} \div \left(1 - \dfrac{1}{11}\right) = \dfrac{1}{10}$

2 $5 \div \left\{ \dfrac{3}{5} - \left(1 - \dfrac{1}{2}\right) \right\} = 50$(명)

3 B : $(1101 - 1) \div (1 + 1 + 75\%) = 400$

 A : $400 \times 75\% = 300$

 C : $400 + 1 = 401$

4 $\left\{ 6 + 3 \times \left(1 + 1 + \dfrac{1}{3}\right) \right\} \div \left\{ 1 - \dfrac{1}{3} \times \left(1 + 1 + \dfrac{1}{3}\right) \right\} = 58.5(\text{m})$

5 첫 번째 소금물 : $12 \div (1 - 20\% - 20\%) = 20(\text{kg})$

 두 번째 소금물 : $13\dfrac{1}{8} \times \left(1 + 1 + \dfrac{2}{7}\right) = 30(\text{kg})$

 혼합 후 소금물의 농도 : $\left(20 \times 20\% + 13\dfrac{1}{8}\right) \div (20 + 30) = 34.25\%$

6 합창단 : $\left(66 \times \dfrac{1}{2} - 30\right) \div \left(\dfrac{1}{2} - \dfrac{3}{7}\right) = 42$(명)

무용단 : $66 - 42 = 24$(명)

7 핵심은 남은 10알이 총수의 몇 분의 몇을 차지하는가에 있습니다. 원래 굴이 100개 있었습니다.

8 $22 \div \left\{\left(1 - \dfrac{1}{5}\right) \times \dfrac{3}{4} - \dfrac{1}{5}\right\} = 55$(명)

9 갑 : $1 \div \left(\dfrac{1}{10} - \dfrac{1}{30}\right) = 15$(시간)

을 : $1 \div \left\{\left(1 - \dfrac{1}{10} \times 4\right) \div 18\right\} = 30$(시간)

10 $18 \div \left[\dfrac{1}{2} - \dfrac{1}{6} \times \left\{1 \div \left(\dfrac{1}{4} + \dfrac{1}{6}\right)\right\}\right] = 180$(km)

11 $1 \div \left(\dfrac{4}{8 \times 12 \times 5} + \dfrac{5}{10 \times 5 \times 12} + \dfrac{3}{8 \times 5 \times 3}\right) \div 8 = 3$(일)

연습문제 17

1 중간의 수 $100 \div 5 = 20$, 따라서 이 5개 수는 18, 19, 20, 21, 22

2 연속되는 수 중 가장 작은 것은 $(162 - 1 - 2 - 3) \div 4 = 39$. 그러므로 이 네 수는 39, 40, 41, 42

3 중간의 수는 $320 \div 5 = 64$, 제일 작은 수는 $64 - 2 - 2 = 60$

4 중간의 수 $18 \div \left(\dfrac{1}{2} - \dfrac{1}{4}\right) \div 2 = 36$. 이 다섯 수는 32, 34, 36, 38, 40.

만일 중간의 수를 x라 하면 연속되는 다섯 개의 짝수는 각각

$x - 4,\ x - 2,\ x,\ x + 2,\ x + 4$

$x = \{(x - 4) + (x + 4)\} \times \dfrac{1}{4} + 18$로부터 $x = 36$을 구할 수 있습니다.

5 첫 자물쇠를 열려면 많게는 9회, 둘째 자물쇠를 열려면 많게는 8회 시험해야 합니다. 그러므로 많게는 $9 + 8 + 7 + 6 + 5 + 4 + 3 + 2 + 1 = 45$(회) 시험해야 합니다.

6 이 수열은 실제로 $\dfrac{1}{3},\ \dfrac{3}{6},\ \dfrac{5}{9},\ \dfrac{7}{12},\ \dfrac{9}{15},\ \dfrac{11}{18},\ \cdots$과 같음. 그러므로 제100항은 $\dfrac{199}{300}$입니다.

7 처음 5개 수와 뒤의 45개 수는 각각 등차수열을 이룹니다. 이 두 등차수열의 합을 각각 구한 후 더하면 $S=27.25$

8 745

9 $S=\dfrac{1}{2}+\left(\dfrac{1}{3}+\dfrac{2}{3}\right)+\left(\dfrac{1}{4}+\dfrac{2}{4}+\dfrac{3}{4}\right)+\cdots+\left(\dfrac{1}{60}+\dfrac{2}{60}+\cdots+\dfrac{59}{60}\right)$ ······ ①

괄호 안의 수의 순서를 바꾸면

$S=\dfrac{1}{2}+\left(\dfrac{2}{3}+\dfrac{1}{3}\right)+\left(\dfrac{3}{4}+\dfrac{2}{4}+\dfrac{1}{4}\right)+\cdots+\left(\dfrac{59}{60}+\cdots+\dfrac{2}{60}+\dfrac{1}{60}\right)$ ······ ②

①＋②하면 $2S=1+2+3+\cdots+59$

그러므로, $S=\dfrac{59\times(1+59)}{2}\div2=885$

10 $\dfrac{49}{99}$ **11** 2585 **12** 550

13 $S=\dfrac{1}{2}\times\{(1^2+2^2+3^2+\cdots+50^2)+(1+2+3+\cdots+50)\}=22100$

14 (1) 419항 (2) $\dfrac{13}{22}$

연습문제 18

1 (1) $5467\times898=4909366$ (2) $57236\div164=349$

2 (1) $123\times135=16605$ (2) $28750\div46=625$

3 $775\times33=25575$

4 (1) $263\times19=4997$ (2) $1234\times56=69104$

 (3) $66\times111=7326$ (4) $645\times721=465045$

5 90625

6 (1) $12345679\times9=111111111$ (2) $1089\times9=9801$

7 1014 또는 1035(1014일 때 나누는 수는 3과 2, 1035일 때 나누는 수는 5, 9 또는 3)

8 (1) $949\div73=13$ (2) $1431\div27=53$

 (3) $192\div16=12$ (4) $117684\div12=9807$

1 8cm^2 2 36개   3 23명   4 650명

5 80개   6 20명   7 5명

1 26892, 22896   2 119896, 819896   3 419892, 819896

4 619892   5 4643424   6 25272

7 여섯 자리 수는 $7 \times 8 \times 9 = 504$로 나누어떨어집니다. 그러므로 $\overline{522xyz}$를 504로 나누어 보면 몫이 1036 또는 1037일 가능성이 있습니다. 그런데 몫이 1036이라면 $\overline{xyz} = 144$이므로 조건에 맞지 않습니다. 몫이 1037일 때 $\overline{xyz} = 648$이므로 조건에 맞습니다.

8 왜냐하면 $\overline{ababab} = \overline{ab}$(두 자리 수)$\times 10101 = \overline{ab}$(두 자리 수)$\times 3 \times 7 \times 13 \times 37$

9 문제로부터 장편 소설의 페이지 수가 320페이지로부터 360페이지 사이임을 알 수 있습니다. $18^2 = 324$이기 때문에 매일 18페이지씩 18일 읽으면 다 읽을 수 있습니다.

10 이 수의 최댓값 32, 나머지는 27

11 $3 \times 5 \times 7 \times 13 = 1365$. 다섯 자리 수 중 1365의 최대의 배수는 $1365 \times 73 = 99645$. 계산해 보면 $1365 \times 69 = 94185$가 구하려는 수임을 알 수 있습니다.

12 $396 = 11 \times 9 \times 4$이기 때문에 두 아홉 자리 수의 차는 11, 9, 4로 나누어떨어질 수 있습니다. 매거법에 의해 분석하면 $1 \times 9 = 9$, $9 \times 3 = 27$, $4 \times 2 = 8$, $2 \times 6 = 12$, $6 \times 8 = 48$, $5 \times 7 = 35$의 6개 답안을 얻을 수 있습니다.

13 301   14 53

15 $13903 - 13511 = 392 = 7^2 \times 2^3$, $14589 - 13903 = 686 = 7^3 \times 2$. m의 최댓값은 $7^2 \times 2 = 98$

16 1로부터 시작된 자연수를 차례로 써내어 얻은 201자리의 수는 1로부터 시작된 103개의 연속되는 자연수로 구성되었습니다. 이때 연속되는 자연수 3개의 각 자리의 수의 합이 3으로 나누어떨어지고 $103 \div 3 = 34$(나머지 1)이므로 나머지는 1입니다.

17 이 수열을 관찰하면 제1항의 1을 제외하고 다른 수들은 다음과 같은 규칙성이 있음을 발견할 수 있습니다. 즉, 짝수항의 수는 항수의 3배, 홀수항의 수는 앞항보다 1이 큽니다. 그러므로 제133항은 $132 \times 3 + 1 = 397$. $397 \div 7 = 56$(나머지 5)이기 때문에 구하려는 수는 5입니다.

18 $90-69=21$, $125-90=35$, $125-69=56$이고, 21, 35, 56의 최대공약수가 7일 뿐더러 다른 인자가 없으므로 $m=7$. 그런데 $81\div7=11$(나머지 4)이므로 구하려는 수는 4입니다.

19 $n\geq1$일 때, 조건을 만족하는 가분수를 대분수로 고쳐쓰면, $n+\dfrac{1}{15}$, $n+\dfrac{2}{15}$, $n+\dfrac{4}{15}$, $n+\dfrac{7}{15}$, $n+\dfrac{8}{15}$, $n+\dfrac{11}{15}$, $n+\dfrac{13}{15}$, $n+\dfrac{14}{15}$의 형태입니다. 그런데 어떤 n에 대하여 8개의 대분수가 존재하므로 $999=124\times8+7$에서 $n=125$이어야 한다. 왜냐하면 $n=0$인 경우를 제외하고 세어야 하기 때문입니다. 따라서 구하려는 분수는 $125+\dfrac{13}{15}=\dfrac{1888}{125}$입니다.

연습문제 21

1 연속되는 100개의 자연수 중 일의 자리와 십의 자리 숫자가 같은 수는 10개 있습니다. 단계를 나누어 매거하면 조건에 부합되는 수가 모두 $1+700+80+9=790$개임을 알 수 있습니다.

2 매거 시험을 거쳐 곱이 되도록 크게 하려면 20을 2와 3의 합으로 변형시켜야 합니다. 아울러 2는 2개를 초과하지 말고 그 외의 것은 3이어야 한다는 것을 알 수 있습니다. 그러므로 20을 1개의 2와 6개의 3의 합으로 변형시켜야 합니다. 곱의 최댓값은 $2\times3^6=1458$입니다. 이 결론을 임의의 자연수에 일반화할 수 있습니다.

3 백의 자리 숫자로 각각 1, 2, …, 9를 취한 다음 매거하면 조건에 부합되는 수는 모두 $10+9+8+\cdots+2=54$(개)입니다

4 길만이가 2판, 성수가 3판 더 이기면 승부가 날 수 있음을 쉽게 알 수 있습니다. 그러므로 많게는 7판이면 승부는 날 수 있습니다. 만일 길만이가 이긴 경우를 a로, 성수가 이긴 경우를 b로 표시한다면 그림과 같은 분기도를 그릴 수 있습니다 (그림에서 4, 5, 6, 7은 각각 제 4 판, 제 5 판, 제 6 판, 제 7 판을 대표함). 그림에서 모두 10가지의 다른 게임이 있을 수 있음을 알 수 있습니다. 그 중 성수가 이길 가능성은 4가지입니다.

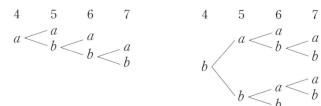

5 28토막

6 조건에 맞는 수는 144, 324와 400입니다.

7 복숭아 나무 세 그루에 열린 복숭아 수를 x(개)라 하면 셋째 그루에 열린 복숭아 수는 총 복숭아 수의 $\dfrac{k}{7}$ (k는 정수)임. 따라서 다음 방정식이 얻어집니다. 즉

$$303 + \frac{1}{5}x + \frac{k}{7}x = x$$

이를 정리하면

$$x = 35 \times \frac{303}{28} - 5k$$

k는 5보다 클 수 없다는 것, 즉 1부터 5까지의 정수를 취할 수 있다는 것을 알 수 있습니다. 단, k가 짝수일 때 $28 - 5k$는 35×303을 나누어떨어지게 할 수 없습니다. 그러므로 k는 1, 3, 5를 취할 수밖에 없습니다. 또, 검증을 거쳐 k는 5일 수밖에 없음을 알 수 있습니다. $x = 3535$. 그러므로 정답은 3535개입니다.

8 $4 \times 21 + 16 \times 10 + 36 \times 3 = 352\text{cm}^2$

9 세 사람의 나이는 각각 32, 33, 34세입니다.

10 $n = 5k+1,\ 5k+2,\ 5k+3,\ 5k+4$의 네 가지 경우로 나누어 n^2이 5의 배수가 아님을 얻어냅니다. 예를 들면 $n^2 = (5k+1)^2 = 5(5k^2 + 2k) + 1$이므로 5의 배수가 아님을 알 수 있습니다.

11 3개의 정수를 3으로 나누었을 때 얻어지는 나머지를 3개 유형으로 나누어 고찰합니다.

　(1) 나머지가 0인 경우 곱은 3으로 나누어떨어집니다.

　(2) 나머지가 하나는 1, 다른 하나는 2라면 이 두 수의 합은 3으로 나누어떨어집니다.

　(3) 나머지 둘이 같다면 이 두 수의 차는 3으로 나누어떨어집니다.

12 조건에 맞는 경우는 다음의 10가지입니다.

$1+1+1+1+2+6=12$	$1+1+1+1+3+5=12$
$1+1+1+1+4+4=12$	$1+1+1+2+2+5=12$
$1+1+1+2+3+4=12$	$1+1+1+3+3+3=12$
$1+1+2+2+2+4=12$	$1+1+2+2+3+3=12$
$1+2+2+2+2+3=12$	$2+2+2+2+2+2=12$

각 등식에서 몇 개의 합이 6임을 쉽게 알 수 있습니다.

13 처음 10개의 '좋은 자연수'는

$$6 = 2 \times 3,\ 8 = 2 \times 4,\ 10 = 2 \times 5,\ 14 = 2 \times 7,\ 15 = 3 \times 5$$
$$21 = 3 \times 7,\ 22 = 2 \times 11,\ 26 = 2 \times 13,\ 27 = 3 \times 9,\ 33 = 3 \times 11$$

이 10개 수의 합=6+8+…+27+33=182

14 모두 6게임을 치르게 되는데 D가 A에게 졌기 때문에 D는 3판을 이길 수 없고 또 2판이나 1판을 이길 수도 없습니다. 만일 그럴 수가 있다면 A, B, C가 4판이나 5판을 이겨야 하므로 그들이 이긴 판수가 같을 수 없습니다. 그러므로 D는 0판을 이겼음(즉, 다 졌음)을 알 수 있습니다.

연습문제 22

1 생략

2 생략

3 사람의 수명이 4만일(약 110세)을 초과하지 않는다고 가정하고 매 4초를 한 '서랍'이라 한다면 '서랍' 수는 (3600×24×4만)÷4=8.64억. 중국의 인구를 13억으로 계산한다면 서랍의 원리 I에 의하여 결론이 성립됨을 알 수 있습니다.

4 어느 팀도 전부 이기지 못했으므로 득점수가 많게는 10점입니다. 그러므로 각 팀의 득점수는 0, 1, 2, …, 10, 이 10개 수 중의 한 수일 수밖에 없습니다. 그런데 12개 팀이므로 서랍의 원리 I에 의하여 결론이 맞음을 알 수 있습니다.

5 3개

6 5개(왜냐하면 43=4×10+3이기 때문입니다)

7 4개

8 500명

9 세 가지 잡지의 조합 방식은 7가지. 조합 방식을 '서랍'으로 본다면
52=7×7+3이기 때문에 같은 잡지를 주문한 학생이 적어도 8명 있게 됩니다.

10 3명이 1열을 만들 때 남, 여 학생의 서 있는 순서에 따라 8가지 다른 가능성이 있게 됩니다. 즉

남 남 남 여 남 여 여 여
남 남 여 남 여 남 여 여
남 여 남 남 여 여 남 여

이 8개 '서랍'에 9열을 담는다고 하므로 결론이 성립됨을 알 수 있습니다.

11 9×4+1=37(권)

12 예제 11과 같은 방법으로 알 수 있습니다.

13 제일 불리한 경우는 같은 색깔의 젓가락을 8짝 갖는 것입니다. 나머지 두 가지 색깔을 2개 '서랍'으로 본다면 3짝만 더 취하면 된다는 것을 알 수 있습니다. 그러므로 적어도 11짝을 취해야 합니다.

1 이긴 횟수와 진 횟수, 골을 넣은 수와 골을 허용한 수가 같게 써넣으면 됩니다.

2 갑은 B학교에서 수학을, 을은 C학교에서 국어를, 병은 A학교에서 영어를 가르칩니다.

3 가능하게 나타날 8가지 답안을 표에 열거함. 따라서 B(또는 C)가 바른말을 하는 사람임을 알 수 있습니다.

4 만일 A가 1등이라면 B와 C가 모두 맞는 것으로, 만일 B가 1등이라면 A와 C가 모두 맞는 것으로 되기 때문에 C가 1등임을 알 수 있습니다.

5 박 선생님에게 수학을 맡깁니다.

6 철광석

7 $(39-1) \div (4+1) = 7$(나머지 3)이기 때문에 먼저 부르는 사람에게 이기는 방법이 있음. 즉 첫번에 1, 2, 3을 부르고 다음부터는 매번 부르는 수의 개수와 나중에 부르는 사람이 부른 수의 개수의 합이 5가 되게 하면 이길 수 있습니다.

8 $1991 \div (5+1) = 331$(나머지 5)이기 때문에 먼저 부르는 사람이 첫번에 4개 수를 부르면 이길 수 있습니다.

9 먼저 가질 수 있는 권리를 얻은 다음 둘째 더미에서 3개비를 가져 나중에 가지는 사람에게 개비 수가 같은 두 더미를 남겨 주어야 합니다. 그 다음에도 계속 이런 식으로 해야 합니다.

10 먼저 가지는 사람에게 이기는 방법이 있습니다. 즉 첫 번째에 세 번째 더미에서 1개를 가져 세 더미의 개비수의 합이 짝수가 되게 해야 합니다. 즉 (1, 4, 5). 그 다음에도 이런 식으로 해야 됩니다.

11 먼저 가지는 사람에게 이기는 방법이 있습니다. 즉 먼저 가운데의 1개 또는 3개를 가지고 그 후부터는 상대편이 몇 개를 가지면 자기도 따라서 똑같은 개수를 가지면 됩니다. 만일 먼저 가지는 방법을 모른다면 나중에 가지는 사람은 상대편의 실수를 이용하여 상대편에게 개수가 같은(간격이 있어야 합니다) 두 줄을 남겨 주어야 합니다.

12 칸이 1990개 있고 $1989 \div 5 = 397$(나머지 4)이기 때문에 먼저 쓰는 사람이 첫번에 4칸을 쓰면 이기는 방법이 생깁니다. 그 후부터는 자기가 쓰는 칸 수와 상대편이 쓰는 칸 수의 합이 5가 되도록 쓰면 됩니다.

13 $100 \div 11 = 9$(나머지 1)이기 때문에 먼저 부르는 사람이 첫번에 1을 부르기만 하면 이기는 방법이 생깁니다. 그 다음부터는 자기가 부르는 수와 상대편이 부르는 수의 합이 11이 되도록 하면 됩니다.

14 먼저 시작해야 이길 수 있습니다. 먼저 6을 쓴 후 $(4, 5)$, $(8, 10)$, $(7, 9)$를 순서쌍으로 하여 상대방이 쓴 숫자가 있는 순서쌍의 수를 써 나갑니다. 예를 들어 상대방이 8을 쓰면 10을 쓰고, 상대방이 4를 쓰면 5를 씁니다.

15 을이 되는 것이 좋음. 왜냐하면 을이 짝수 개수만 지우면 이길 수 있기 때문입니다. 을은 되도록 홀수를 지워서 나중에 남은 4개 수 앞에 홀수가 없게 하여야 합니다.

(1) 만일 나중에 남은 4개 수 중 짝수가 적어도 3개, 홀수가 1개라면 을은 이 홀수를 지우면 됩니다(이때 갑은 이 홀수를 지울 수 없습니다. 그것은 갑이 이 홀수를 지우면 을이 이기게 되기 때문입니다).

(2) 만일 나중에 남은 4개 수 중 2개는 홀수, 2개는 짝수라면 을은 앞에서 홀수를 지울 때 2개의 서로소가 아닌 수를 남기는 데 신경을 쓰면 됩니다. 을이 되도록 홀수를 지우기 때문에 나중에 4개 또는 3개의 홀수가 남는 경우는 없게 됩니다.

연습문제 24

1 $5 \times 5 = 25$

2 $4 \times 1 + 2 \times 3 = 10$

3 $(8 \times 7) \div 2 = 28$

4 $5 \times 4 \times 3 \times 2 = 120$

5 $4 \times 3 \times 2 \times 1 = 24$

6 $5 \times 4 \times 3 = 60$

7 6

8 모자라지 않습니다.

9 (1) 45 (2) 30

연습문제 25

1 HINT $a \times c \times \overline{ac} = \overline{ccc}$ 를 $a \times \overline{ac} = \overline{ccc} \div c = 111$ 로 변형시키면 $a = 3$, $c = 7$임을 알 수 있습니다.

2 719820, 219825

3 8712

4 HINT 만일 이 수가 제곱수라면 5가 아닌 이 숫자의 위치는 두 가지 가능성이 있음. 즉 마지막 한 자리 수가 5이거나 5가 아닐 수 있습니다. 만일 5라면 정하지 않은 숫자는 반드시 2일 것이고 아울러 십의 자리에 놓일 것입니다. 그러므로 구하려는 수는 55⋯525. 그런데 백의 자리 숫자가 짝수가 아니고 5이므로 구하려는 수는 제곱수가 아닙니다.

만일 일의 자리 숫자가 5가 아니라면 십의 자리 숫자는 반드시 5임. 완전제곱수의 규칙성에 의하여 일의 자리 숫자가 6일 수밖에 없음을 알 수 있습니다. 즉 $55\cdots556$. 이 수의 각 자리 숫자의 합 $99\times5+6$은 3으로 나누어떨어지나 9의 배수가 아니므로 이 수는 제곱수가 아니라는 것을 알 수 있습니다.

5 $7_{(10)}$, $1101111_{(2)}$, $669_{(10)}$, $1100011_{(2)}$, $54_{(10)}$

6 (1) $10011_{(2)}$ (2) $1010101_{(2)}$

7 5개 상자에 넣은 개수가 각각 1개, 2개, 4개, 8개, 15개입니다(나중의 한 상자의 것이 16개보다 적습니다).

연습문제 26

1 제 1 행 : 1, 2, 9   제 2 행 : 4, 3, 8   제 3 행 : 5, 6, 7

2 윗면이 위로 향한 홀수개 컵의 윗면을 아래로 향하게 하려면 홀수개 컵을 홀수번 뒤집어 놓아야 합니다. 그런데 문제에서는 한 번에 짝수개 컵을 뒤짚어 놓을 수 있다하므로 어떤 식으로든 컵의 윗면을 모두 아래로 향하게 할 수 없습니다.

3 $1+7=8$ $4+5=9$

$9-5=4$ 또는 $8-1=7$

$2\times3=6$ 또는 $2\times3=6$

4 HINT 이 문제를 푸는 핵심은 모든 자연수를 홀수와 짝수 두 가지 유형으로 나눈 다음 점차 해결해 가는 데 있습니다.

5 만일 64가 $n+1$개 연속하는 자연수의 합이라면 다음과 같이 쓸 수 있습니다.

$64=a+(a+1)+\cdots+(a+n)=(n+1)(2a+n)\div2$

따라서 $(n+1)(2a+n)=2\times2\times2\times2\times2\times2\times2$ (a, n은 자연수입니다)

위 식에서 $n+1$과 $2a+n$은 약간개의 2로 이루어진 약수를 가진 짝수여야 함을 알 수 있습니다.

$n+1$이 짝수라면 n은 반드시 홀수여야 함. $2a$가 짝수이고 n이 홀수라면 $2a+n$은 홀수여야 합니다. 이는 $(2a+n)$이 짝수라는 위의 결론에 어긋납니다. 그러므로 64는 n개 연속하는 자연수의 합으로 될 수 없습니다.

6 HINT 두 사람이 한 번 악수할 때마다 총 횟수는 2회씩 증가하므로 악수하는 총 횟수는 짝수로 됩니다. 따라서 짝수회 악수를 한 사람들이 악수한 총 횟수+홀수회 악수를 한 사람들이 악수한 총 횟수＝모든 사람들이 악수한 총 횟수 그러므로 악수 횟수가 홀수인 사람의 총수는 짝수입니다.

7 HINT 서랍의 원리에 의하여 a, b, c 중에 적어도 2개의 짝수(또는 홀수)가 있음을 알 수 있습니다.

8 (방법 1) 1, 2, 3, , n, a_1, a_2, $\cdots$, a_n 중에 $n+1$개의 홀수가 있습니다.
　　　　　서랍 (a_1+1), (a_2+2), $\cdots$, (a_n+n)이 n개뿐입니다.

　　(방법 2) 홀수개 a_1+1, a_2+2, $\cdots$, a_n+n의 합은 짝수 $2(1+2+\cdots+n)$입니다. 그러므로 그것들은 모두 홀수일 수 없습니다.

9 예제 13에서와 같이 흑백을 엇갈리게 칠하는 방법으로 '검은 칠을 한 좌석수' 와 '흰 칠을 한 좌석수' 가 같지 않음을 알 수 있습니다. 그러므로 49명 학생이 모두 자기 좌석을 떠나서 이웃한 좌석에 가 앉아 있을 수 없습니다.

10 (1) 적어도 3가지 (2) 적어도 4가지

11 a가 21보다 작을 때 번호가 $2a$(짝수)인 점에 붉은색 칠을 하게 되고 그 다음 홀수 번호인 점에 푸른색 칠을 하게 됩니다. a가 21보다 클 때도 여전히 짝수 번호 $2a-40$인 점에 붉은색 칠을, 다음의 홀수 번호인 점에 푸른색 칠을 하게 됩니다.

12 흑백이 엇갈리게 칠하면 검은색 작은 정사각형의 개수와 흰색 작은 정사각형의 개수가 같지 않음을 알아낼 수 있습니다.

연습문제 27

1 남자 선생님 99명, 여자 선생님 57명

2 673알

3 14m

4 대, 중 소 세 가지 크기의 통이 각각 10개, 30개, 10개입니다.

5 $\dfrac{1}{2^9} = \dfrac{1}{512}$

6 $m \times n + (m-1)(n-1) + (m-2)(n-2) + \cdots + 2 \times (n-m+2) + 1 \times (n-m+1)$

7 생략

8 제곱수의 일의 자릿수와 십의 자릿수의 특징으로 볼 때 같은 숫자로 이루어진 두 자리 이상(두 자리를 포함함)의 자연수 중에는 제곱수가 없습니다. 그러므로 구하려는 제곱수는 1, 4, 9의 3개 수뿐입니다.

9 2개입니다. 즉 $1! = 1$, $1! + 2! + 3! = 9$

10 거미 5마리, 잠자리 7마리, 매미 6마리

11 D가 1등, B가 2등, A가 3등, E가 4등, C가 5등입니다.

연습문제 해답편의 보충설명

그 동안 독자 여러분의 요청에 의해 연습문제 해답편
보충설명을 수정, 보완하여 출간하게 되었습니다.
참여하신 선생님들은 다음과 같습니다.

감수위원

한승우 E-mail : hotman@postech.edu
한현진 E-mail : fractalh@hanmail.net
신성환 E-mail : shindink@naver.com
위성희 E-mail : math-blue@hanmail.net
정원용 E-mail : areekaree@daum.net
정현정 E-mail : hj-1113@daum.net
안치연 E-mail : lounge79@naver.com
변영석 E-mail : youngaer@paran.com
김강식 E-mail : kangshikkim@hotmail.com
신인숙 E-mail : isshin@ajou.ac.kr
이주형 E-mail : moldlee@dreamwiz.com

책임감수

정호영 E-mail : allpassid@naver.com

의문사항이나 궁금한 점이 있으시면 위의 감수위원에게
E-mail 또는 세화홈페이지(www.sehwapub.co.kr)에 질문을
남겨주시면 친절한 설명과 답변을 받으실 수 있습니다.

연습문제 해답편의 보충 설명

연습문제 15, 16, 17, 18단원 생략 (앞의 연습문제 해답편에 설명되어 있습니다)

연습문제 19

1 종이가 가린 넓이는 둘의 합집합이고 겹치는 부분은 둘의 교집합으로 생각할 수 있으므로 $10+16-18=8$로 계산하면 됩니다.

2 4의 배수는 25개, 7의 배수는 14개, 4와 7의 공배수인 28의 배수는 3개 있으므로 $25+14-3=36$으로 계산하면 됩니다.

3 전체에서 100m와 200m 달리기를 한 합집합의 인원을 빼면 됩니다.
100m와 200m 달리기를 한 합집합의 인원은 $18+15-6$으로 계산하면 되므로 전체 50에서 빼면 $50-(18+15-6)=23$으로 계산할 수 있습니다.

4 다음과 같이 벤다이어그램을 그려서 생각하면 650명입니다.

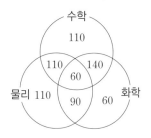

5 전체에서 2, 3, 5의 배수의 합집합을 빼면 됩니다.
2, 3, 5의 합집합의 개수는
(2의 배수)＋(3의 배수)＋(5의 배수)－(6의 배수)－(10의 배수)
－(15의 배수)＋(30의 배수)＝$150+110+60-50-20-30+10=220$
따라서 $300-220=80$개입니다.

6 전체 인원이 세가지 종목에 참가한 인원의 합집합이므로
$180=150+100+50-(70+30+40)+$ (세가지 모두 참가한 학생)이므로
20명입니다.

7 다음의 벤다이어그램을 그려보면 6명입니다.

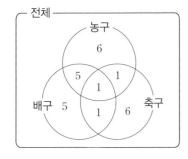

연습문제 20

1 4의 배수가 되기 위해서는 9B가 4의 배수입니다. 따라서 B=2, 6 중 하나입니다.
9의 배수가 되기 위해서는 A+B=8 따라서 A=2, B=6 또는 A=6, B=2입니다.

2 56은 7과 8의 배수 따라서 8의 배수가 되기위해서는 89y가 8의 배수 따라서 y=6, 7의 배수가 되도록 x를 구하면 x=1, 8이 됩니다.

3 44=4×11이므로 B=2, 6
11의 배수가 되기 위해서는 (A+9+9)−(1+8+B)는 11의 배수
따라서 B=2 이때 A=4, B=6일 때, A=8

4~19 생략

연습문제 21

1, 2, 3, 4 생략

5 눈금은 각각 $\frac{1}{10}$ ~ $\frac{9}{10}$, $\frac{1}{12}$ ~ $\frac{11}{12}$, $\frac{1}{15}$ ~ $\frac{14}{15}$ 가 됩니다.
겹치는 것이 9개 있으므로 10+12+15−9=28 토막이 됩니다.

6~14 생략

연습문제 22

1 101 그루의 나무를 심으면 나무 간격이 100개가 나옵니다. 한편 모든 나무의 간격이 1m를 초과하면 간격의 합은 100m를 초과하므로 적어도 1개의 간격은 1m를 초과해서는 안됩니다.

2 한달은 최대 31일이므로 35번을 간다면 서랍의 원리에 의하여 적어도 2번 이상 간 날이 하루 이상 존재합니다.

3, 4 생략

5 붉은색과 푸른색을 서랍으로 하고 6면을 넣으면 서랍의 원리에 의하여 3개 이상 들어간 서랍이 적어도 하나는 존재합니다. 따라서 3면입니다.

6 10개의 서랍으로 43개를 넣으면 $43 = 4 \times 10 + 3$이므로 적어도 5개 이상이 들어 간 서랍이 존재합니다.

7 40개의 서랍에 130을 넣으면 $130 = 3 \times 40 + 10$이므로 적어도 4개 이상이 들어간 서랍이 존재합니다.

8 20만개의 서랍에 1억명을 넣으면 1억$= 20$만$\times 500$이므로 적어도 500 이상이 같 은 머리카락수를 가집니다.

9 A, B, C를 주문하는 가짓수는 A, B, C, AB, BC, CA, ABC 이렇게 7가지가 있다. 따라서 7개의 서랍에 52명을 넣으면 $52 = 7 \times 7 + 3$이므로 적어도 8명이 존 재합니다.

10, 11, 12, 13 생략

연습문제 23단원 생략 (앞의 연습문제 해답편에 설명되어 있습니다)

연습문제 24

1 경우의 수 곱의 법칙을 이용하면 각각 5가지의 경우의 수가 있으므로
$5 \times 5 = 25$

2 $A \rightarrow C \rightarrow D$의 경우 $4 \times 1 = 4$가지
$A \rightarrow B \rightarrow D$의 경우 $2 \times 3 = 6$가지
따라서 $4 + 6 = 10$가지

3 8개의 공간에서 2 곳에 +를 넣으므로 $_8C_2 = \dfrac{8 \times 7}{2 \times 1} = 28$가지

4 5가지중 4개를 일렬로 나열하는 방법이므로 $_5P_4 = 5 \times 4 \times 3 \times 2 = 120$가지

5 가운데 설 사람을 제외하고 4명이 순서대로 서는 방법이므로
$4! = 4 \times 3 \times 2 \times 1 = 24$가지

6 5개 중에서 3개를 골라서 일렬로 배열하는 방법이므로 $_5P_3 = 5 \times 4 \times 3 = 60$가지

7 4개 중 2개를 순서 없이 골라 내는 방법이므로 $_4C_2 = \dfrac{4 \times 3}{2 \times 1} = 6$가지

8 5명 중 3명을 순서없이 골라내는 방법은 $_5C_3 = \dfrac{5 \times 4 \times 3}{3 \times 2 \times 1} = 10$가지이므로

11장으로 모자라지 않습니다.

9 (1) a에서 2점을 골라내서 삼각형을 만드는 방법과 b에서 2점을 골라내서 삼각형을 만드는 방법을 더하면 됩니다. 따라서 $3 \times {_5C_2} + 5 \times {_3C_2} = 45$가지

(2) a에서 2점, b에서 2점을 골라내면 되므로 $_5C_2 \times {_3C_2} = 10 \times 3 = 30$가지

연습문제 25

1 $a \times c \times (10a+c) = c \times 111$이므로

$a \times (10a+c) = 111 = 3 \times 37$ 따라서 $a=3$, $c=7$입니다.

2 45의 배수는 5와 9의 공배수 따라서 $y=0$, 5이어야 합니다.

9의 배수가 되기 위해서는 $x+1+9+8+2+y$가 9의 배수이어야 합니다.

따라서 $y=0$일 때, $x=7$, $y=5$일 때, $x=2$이므로

만족하는 수는 719820, 219825입니다.

3 소수이면서 짝수인 수는 2이므로 일의 자리 숫자는 2, 천의 자리 숫자는 8이 됩니다. 따라서 네자리 수는 $\overline{8ab2}$라고 둘 수 있습니다. 한편 ab는 소수이고 전체는 72 즉, 9와 8로 나누어집니다. 따라서 $a+b=8$, 17이 가능하고 $a+b=8$인 경우 $ab=17$, 53, 71이 소수로 가능하고 172, 532, 712 중에서 8의 배수는 712입니다. 따라서 8712가 가능합니다.

한편 $a+b=17$인 경우 가능한 $ab=89$이지만 892는 8의 배수가 아니므로 가능한 수가 없습니다.

4 일의 자리 숫자가 5라면 마지막 세 자리 숫자가 625이어야 하므로 제곱수가 아닙니다.

일의 자리 숫자가 5가 아니라면 일의 자리 숫자는 6이어야 합니다. 그러나 이 수는 3의 배수이지만 9의 배수가 아니므로 제곱수가 아닙니다.

5, 6, 7 생략

연습문제 26

1 생략

2 한 개의 컵을 뒤집기 위해서는 홀수 번 뒤집어야지만 뒤집어 질 수 있습니다.

따라서 홀수 개의 컵을 모두 뒤집기 위해서는 전체 뒤집은 횟수의 총합은 홀수×홀수인 홀수가 되어야 합니다. 그러나 한 번에 짝수 개의 컵을 뒤집으므로 전체 뒤집은 횟수의 총합은 짝수가 될 수 밖에 없습니다. 따라서 불가능합니다.

3 생략

4 홀수 개를 가진 사람과 짝수 개를 가진 사람의 집합으로 나누어 볼 때, 만약 홀수 개를 가진 사람의 총수가 짝수라면 홀수 개를 가진 사람들이 가진 모든 탁구공의 개수는 짝수가 됩니다. 한편 짝수 개를 가진 사람들이 가진 모든 탁구공의 개수는 짝수이므로 홀수 개를 가진 사람들이 가진 모든 탁구공의 개수와 짝수 개를 가진 모든 탁구공의 개수의 합은 짝수입니다. 그러나 전체 탁구공의 수는 1987인 홀수이므로 불가능합니다.

5 생략

6 두 사람이 최초로 악수를 하면 홀수 번 악수한 사람 2명이 생깁니다.
한편 홀수 번 악수한 사람과 짝수 번 악수한 사람이 악수를 하는 방법은
홀수, 홀수
짝수, 짝수
홀수, 짝수
이렇게 3가지 경우가 있는데 각각의 경우 홀수 번 악수한 사람의 증가인원을 보면
−2, +2, 0이므로 항상 2만큼 증가 또는 감소합니다.
따라서 홀수 번 악수한 사람의 총합은 항상 짝수입니다.

7 홀수와 짝수의 서랍을 2개로 생각하면 서랍의 원리에 의해서 a, b, c 중 적어도 두 개는 짝수 또는 적어도 두 개는 홀수입니다.
만약 a, b가 짝수라면 $\dfrac{a+b}{2}$ 는 정수, 만약 a, b가 홀수라면 $\dfrac{a+b}{2}$ 가 정수가 됩니다.

8, 9 생략

10 (1) 1번에 필요한 색 1가지, 2번에 색을 칠했다면 +1가지, 3, 7은 2와 달라야 하므로 +1가지, 한편 2, 4, 6에 같은 색, 3, 7, 5에 같은 색을 칠해도 되므로 최소 3가지 색이 필요합니다.

(2) 마찬가지로 1번에 필요한 색 1가지, 2번에 색을 칠하면 +1가지 3, 6은 2와 달라야 하므로 +1가지 4에 2와 같은 색을 칠하면 5는 2, 3, 6과 달라야 하므로 +1가지, 따라서 최소 4가지 색이 필요합니다.

11, 12 생략

1 남자 선생님의 수 x, 여자 선생님의 수 y라면

$x+y=156$, $\dfrac{10}{11}x=2\times(y-12)$ 두 식이 성립합니다.

계산하면 남자 선생님 99, 여자 선생님 57명

2 $228+225+220=673$

3 각각의 속력을 막대로 나타내면 다음과 같습니다.

토끼   ├───┼───┼───┼───┤

여우   ├───┼───┼───┤

다람쥐 ├───┼───┤

1분 동안 다람쥐가 여우보다 14m 적게 달리는데 그 차이는 속력 1칸의 차이입니다. 여우와 토끼는 2칸의 차이가 나므로 토끼는 여우보다 1분에 28m 더 앞서 갑니다. 따라서 30초에는 14m 더 앞서갑니다.

4, 5, 6 생략

7 다음의 표를 생각해 봅시다.

역	출발	1	2	3	4	5	6	7	8	9	10	11	12	13	종착
승차	14	13	12	11	10	9	8	7	6	5	4	3	2	1	
하차	0	1	2	3	4	5	6	7	8	9	10	11	12	13	14
승객	14	26	36	44	50	54	56	56	54	50	44	36	26	14	0

따라서 승객이 가장 많을 때는 56명이므로 56개의 자리가 있으면 됩니다.

8 생략

9 1!인 1과 $1!+2!+3!=9$는 완전제곱수입니다.

$1!+2!+3!+4!=33$이므로 제곱수가 아니고 5! 이상은 10의 배수이므로 그 이상의 수는 끝수가 3이므로 제곱수가 될 수 없습니다.

10 거미 x, 잠자리 y, 매미 z마리가 있다고 하면

$x+y+z=18$, $8x+6y+6z=118$, $2y+z=20$이 성립합니다.

연립하여 풀면 $x=5$, $y=7$, $z=6$

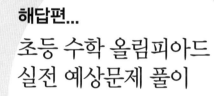

해답편...
초등 수학 올림피아드
실전 예상문제 풀이

05회 초등 수학 올림피아드 실전 예상문제 풀이

1 정답은 ③번입니다.

알파벳을 a부터 z까지 순서를 정하였습니다. 그리고 그 순서에 2배를 하여 써 놓은 것입니다. 단, 대문자는 1을 빼서 답합니다. 예컨대 c는 03번째이니까 두 배하여 06이 됩니다. 그리고 C는 05가 됩니다. R은 18번째이니까 두 배하여 36이 되는데 대문자이므로 1을 빼서 35가 됩니다. 그러한 원리로 5117010509는 ZIACE가 됩니다. 이는 ZI와 ACE(최고)를 뜻한다고 볼 수 있습니다. 마치 21세기 최고라는 뜻으로 보입니다.

2 정답은 ④번입니다.

3 정답은 ⑤번입니다.

4 정답은 ⑤번입니다.

5 정답은 ②번입니다. 왜 그런지 알아봅시다.

A$(6, 5)$는 $5 < 2 \times 6$이므로 규칙 2에 의하여 $(5, 5)$로 이동합니다.

같은 방법으로

$(5, 5) \xrightarrow{\text{규칙 2}} (4, 5) \xrightarrow{\text{규칙 2}} (3, 5)$

$\xrightarrow{\text{규칙 2}} (2, 5)$

점 $(2, 5)$는 $5 > 2 \times 2$이므로 규칙 3에 의하여 점 $(2, 4)$로 이동합니다.

점 $(2, 4)$는 $4 = 2 \times 2$이므로 규칙 1에 의하여 이동하지 않습니다.

$(6, 5) \xrightarrow{\text{규칙 2}} (5, 5) \xrightarrow{\text{규칙 2}} (4, 5)$

$\xrightarrow{\text{규칙 2}} (3, 5) \xrightarrow{\text{규칙 2}} (2, 5)$

$\xrightarrow{\text{규칙 3}} (2, 4)$

따라서 이동 횟수는 모두 5번입니다.

6 정답은 ③번입니다. 왜 그런지 알아봅시다.

이 문제는 조금 어려운 문제입니다.

⑴ 불가능합니다.

왜냐하면 다음 그림에서 보듯이

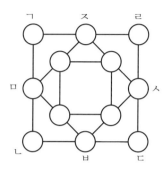

ㄱ＋ㄴ＋ㄷ＋ㄹ＝1＋2＋3＋4＝10입니다.

ㅁ＋ㅂ＋ㅅ＋ㅈ＝1＋2＋3＋4＝10입니다.

그러므로 제일 바깥쪽에 있는 네 개의 삼각형에 있는 꼭짓점들에 위치한 수들의 합은

(ㄱ＋ㅁ＋ㅈ)＋(ㅁ＋ㄴ＋ㅂ)＋(ㅂ＋ㄷ＋ㅅ)＋(ㅅ＋ㄹ＋ㅈ)

＝(ㄱ＋ㄴ＋ㄷ＋ㄹ)＋2×(ㅁ＋ㅂ＋ㅅ＋ㅈ)

＝10＋2×10＝30

입니다.

한편, 제일 바깥쪽 네 개의 삼각형에 있는 꼭짓점들에 위치한 수들의 합이 □로 모두 같을 수 있다고 가정하고 그것들을 모두 더하면 4×□입니다. 그러므로 4×□＝30입니다. 즉, □＝$\frac{15}{2}$ 입니다.

그런데 동그라미 안에 들어가는 수들의 합이 분수가 될 수는 없습니다.

따라서 네 개의 제일 바깥쪽 삼각형에 있는 꼭짓점들에 위치한 수들의 합이 □로 모두 같을 수 있다고 가정한 것은 실현 불가능함을 알 수 있습니다.

마찬가지로 안쪽의 삼각형에 관해서도 위와 같은 설명이 가능합니다.

⑵ 가능합니다.

어떤 한 삼각형의 세 꼭짓점에 올 수 있는 수의 합의 최솟값은 1＋1＋2＝4이고, 최댓값은 3＋4＋4＝11입니다. 즉, 각 삼각형들의 꼭짓점에 배치할 수 있는 수들의 종류는 다음 8개가 있습니다.

　4, 5, 6, 7, 8, 9, 10, 11

그리고 마침 삼각형도 8개입니다. 또한, 8개의 각 삼각형에 문제의 뜻에 맞도록 수들을 배치를 한 예를 하나만 들어 보면 다음과 같습니다.

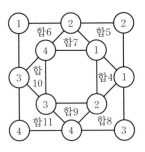

7 정답은 ④번입니다. 왜 그런지 알아봅시다.

$$10000 = 416 \times 24 + 16$$

입니다. 그러므로 "앞으로 10000시간 후"란 뜻은 416일하고도 16시간이 더 지난 후를 말합니다.

그런데 2000년이 윤년인 것을 고려하면,

$$416 - 366 = 50, \ 50 - 31 = 19$$

이므로 "앞으로 10000시간 후"란 뜻은 1년하고도 1개월 19일 16시간이 더 지난 후입니다. 따라서 2001년 2월 24일부터 19일 16시간이 더 지난 날을 구해야 합니다. 그런데 2001년 2월 한 달은 28일이 있으므로 구하는 날은 2001년 3월 15일 오전 2시로부터 16시간이 지난 2001년 3월 15일 저녁 6시가 될 것입니다.

한편, $416 = 7 \times 59 + 3$이므로 구하는 요인은 월요일로부터 3일이 지난 목요일이 됩니다. 따라서 구하는 답은 2001년 3월 15일 목요일 오후 6시입니다.

8 정답은 ②번입니다. 물통 전체의 용량을 1이라 합니다. 그러면 물통에 물을 가득 채우는 시간을 x시간이라고 하여 식을 세우면 다음과 같습니다.

$$\frac{x}{3} + \frac{x}{4} - \frac{x}{8} = 1$$

양변에 24를 곱하면 $8x + 6x - 3x = 24$입니다.

$$\therefore x = \frac{24}{11} \text{(시간)} = 2\text{시간 } 10\text{분(분)}$$

따라서 약 2시간 10분의 시간이 걸립니다.

9 아침 8시 30분 ⇒ 낮 9시 30분 ⇒ 낮 10시 30분

⇒ 낮 11시 30분 ⇒ 낮 12시 30분 ⇒ 낮 1시 30분

이므로 모두 5시간이 지나갔습니다(화살표의 개수만큼 시간이 지나갈 것입니다).

그런데 1시간 지날 때마다 긴 바늘은 1바퀴씩 돕니다. 따라서 긴 바늘은 모두 5바퀴 돌았음을 알 수 있습니다.

10 $100!$을 소인수분해하면 다음과 같을 것입니다.

$$100! = 2^x \cdot 3^y \cdot 5^z \cdots 97$$

1부터 100까지에서 2의 배수는 50개, 2^2의 배수가 25개, 2^3의 배수가 12개, 2^4의 배수가 6개, 2^5의 배수가 3개, 2^6의 배수가 1개입니다. 그러므로

$x = 50 + 25 + 12 + 6 + 3 + 1 = 97$입니다. 그리고 1부터 100까지에서 5의 배수는 20개, 5^2의 배수가 4개, 5^3의 배수는 0개입니다. 그러므로 $y = 20 + 4 = 24$입니다.

$\therefore 100! = 2^{97} \cdot 3^y \cdot 5^{24} \cdots 97$

$\therefore 100! = \square\square\square\square \cdots \square 000 \cdots 00$

0이 24개

$\therefore 100! = \square\square\square\square \cdots \square 999 \cdots 99$

9가 24개

따라서 $100! - 1 = a$에서 a의 끝수와 연속하여 인접한 9는 끝수까지 포함하여 최소한 24개임이 증명되었습니다.

1 정답은 ③번입니다.

2 정답은 ③번입니다.

⑤를 답으로 고르지 않도록 조심해야 합니다.

3 정답은 ①번입니다.

4 정답은 ③번입니다.

5 다음 그림에서 원기둥을 수평으로 뉘었을 때, 수면과 옆면이 만나서 이루는 활꼴 부분의 넓이 S는 다음과 같습니다.

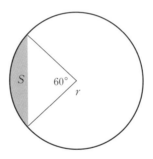

그러므로 $S = \dfrac{\pi}{6} r^2 - \dfrac{\sqrt{3}}{4} r^2$이다. 한편 원기둥에 들어 있는 물의 부피 V를 두 경우에 대해 각각 구해 봅시다. 문제의 왼쪽에서 구한 것은 $V = S \times 1 = \dfrac{\pi}{6} r^2 - \dfrac{\sqrt{3}}{4} r^2$입니다. 그리고 문제의 오른쪽에서 구한 것은 $V = \pi r^2 h$입니다. 이 두 가지가 서로 같은 결과를 가지므로 다음을 얻습니다.

$$\frac{\pi}{6} r^2 - \frac{\sqrt{3}}{4} r^2 = \pi r^2 h$$

따라서 구하는 $h = \dfrac{1}{6} - \dfrac{\sqrt{3}}{4\pi}$ 입니다.

6 정답은 ⑤번입니다.

(나)의 진술에서 과학 또는 효도를 잘하면 장기를 잘 둔다고 볼 수 있습니다. 그리고 장기를 잘 두면 머리가 좋다고 했으므로 결론은 과학 또는 효도 중 어느 하나

이상을 잘하면 머리가 좋다고 볼 수 있습니다. 여기서 주의해야 할 점은 우리 일상의 이야기가 아니라는 점입니다. 일상에서는 문제에 있는 (가), (나)의 진술이 틀린 경우도 있을 수 있습니다. 그러나 이 문제의 전제 조건에서 (가), (나)의 진술은 참이라고 가정하고 있으므로 그 전제 조건 아래서 답을 해야만 합니다.

7 정답은 ②번이다. 왜 그런지 알아봅시다.

우선 바코드 8801037002782가 맞는 바코드인지 체크 숫자를 이용해서 확인해 봅시다.

$(8+0+0+7+0+7+2)+3\times(8+1+3+0+2+8)=24+66=90$

으로 끝수가 0으로 끝나므로 문제의 바코드는 규격에 맞는 바코드입니다.

그렇다면 수정이가 잘못 입력한 바코드 8801037007282는 어떠합니까?

$(8+0+0+7+0+2+2)+3\times(8+1+3+0+7+8)=100$

이므로 끝수가 0으로 끝나므로 이 바코드 역시 규격에 맞는 바코드입니다.

그러므로 컴퓨터는 오류가 없다고 판정을 내리게 됩니다.

그리고 위와 같은 사실 때문에 우리는 문제의 바코드 8801037002782는 대단히 문제가 있다고 생각할 수 있습니다. 왜냐하면 문제에 나와 있는 것처럼 수정이가 수동으로 번호를 잘못 입력하였을 경우 컴퓨터는 입력된 바코드가 제대로 되었다고 착각하고 다른 물건의 정보를 내보낼 테니까요.

위와 같은 이유로 인접한 두 수의 차가 5가 되는 바코드는 사람이 실수해서 인접한 그 두 수를 바꾸어 입력해도 체크 숫자로 체크해서 계산한 결과가 10의 배수가 되므로 컴퓨터는 그 잘못됨을 지적할 수 없게 됩니다. 따라서 상품 번호를 정할 때 인접한 두 수의 차가 5가 되는 바코드들은 사용하지 않는다고 합니다.

8 정답은 ③번입니다. 왜 그런지 알아봅시다. 불이 나기 전까지 게임을 3번 마친 상태이고, 앞으로 많아야 2번만 하면 게임은 끝나게 됩니다. 이 경우 발생 가능한 상황을 모두 적어 보면 다음과 같습니다.

상황	화재 전	화재 후	결과
㉮	철수 철수 형채	철수 철수	철수가 이김
㉯	철수 철수 형채	철수 형채	철수가 이김
㉰	철수 철수 형채	형채 철수	철수가 이김
㉱	철수 철수 형채	형채 형채	형채가 이김

한편, 철수, 형채 두 사람은 실력이 같으므로 위 4가지 상황은 각각 모두 동등한 정도로 가능성이 있다고 할 수 있습니다. 즉, 게임을 계속한다면 철수가 형채보다

3배나 더 잘 이길 가능성이 있다고 볼 수 있습니다. 그러므로 상금을 철수가 형채의 3배를 받아야 공평하다고 할 수 있습니다.

따라서 철수는 $2000 \times \dfrac{3}{4} = 1500$(원)을 받아야 하고, 형채는 $2000 \times \dfrac{1}{4} = 500$(원)을 받아야 합리적입니다.

따라서 철수는 1500원, 형채는 500원을 받아야 좋습니다.

9 정답은 ⑤번입니다. 왜 그런지 알아봅시다.

문제에서 2004년에 철수가 대학생이라고 했습니다. 그리고 사람이 길어야 100년 정도 산다고 할 때, 철수는 아마도 1980년대부터 시작하여 2080년대 사이까지 살아 있을 것입니다. 이제 대충 짐작해서

$44 \times 44 = 1936, \ 45 \times 45 = 2025, \ 46 \times 46 = 2116, \ 47 \times 47 = 2209$

인 것으로 볼 때, "철수는 $45 \times 45 = 2025$년에 45살이 되는 해에 노벨상을 타겠다"는 말로 이해할 수 있습니다.

10 정답은 ②번입니다. 왜 그런지 알아봅시다.

4시 정각에서 4시 45분까지 가는 45분 동안을 생각해 봅시다.

4시 정각에서 4시 45분까지, 45분 동안 분침은 45(분)$\times 6° = 270°$입니다.

시침은 45(분)$\times 0.5° = 22.5°$ 움직였으므로 다음과 같이 구할 수 있습니다.

$$x = 270° - (120° + 22.5°)$$
$$= 270° - 142.5° = 127.5°$$

1 정답은 5입니다.

$\frac{1}{70}=0.0\dot{1}42857\dot{}$이므로 $\frac{1}{70}$의 소수점 이하 2016번째 오는 숫자는 $\frac{1}{7}$을 소수로 고쳤을 때 소수점 이하 2015번째에 오는 숫자를 구하면 됩니다.

$\frac{1}{7}=0.\dot{1}42857\dot{}$이므로 한 순환마디가 개 숫자로 이어졌음을 알 수 있습니다.

한편, $2015 \div 6 = 335 \cdots\cdots 5$이므로 소수점 이하 제2015자리에 오는 숫자는 소수점 이하 5번째 숫자와 같으므로 5가 됩니다. 따라서 구하는 정답은 5입니다.

2 정답은 27(개)입니다.

8개점이 있습니다. 각 점마다 그 밖의 7개점과 $8 \times 7 = 56$개의 선분을 만들 수 있습니다. 그중에서 절반은 중복됩니다. 따라서 만들어진 선분은 모두 $8 \times 7 \div 2 = 28$개 인데 원래 있던 원래 있던 선분 AB를 빼고 나면 $28 - 1 = 27$개 증가되었음을 알 수 있습니다.

3 정답은 625(개)입니다.

1부터 시작한 연속된 홀수들의 합은 홀수들의 개수의 제곱과 같습니다.

맨 밑의 단에 사용된 쌓기나무의 개수는 다음과 같습니다.

즉, $1 + 3 + 5 + \cdots + 50$이 되므로 $25^2 = 625$개의 쌓기나무가 필요합니다.

4 정답은 43kg입니다.

4명의 학생은 모두 각각 3번씩 몸무게를 잰 것입니다.

그러므로 몸무게의 평균은 $(126 + 129 + 130 + 131) \div 3 \div 4 = 43(kg)$입니다.

5 정답은 32(개)입니다.

정육면체에서 2개의 면만 빨간색이 되어 있는 것은 모두 정육면체의 모서리에 있다는 것은 쉽게 추정할 수 있습니다. 그리고 같은 방향에 있는 4개의 모서리의 양면에 칠한 작은 정육면체의 수량은 같다는 것을 알 수 있습니다. 길이, 너비, 높이를 각각 x, y, z로 잘라낸다고 가정을 해봅시다. 그렇다면 다음을 얻을 수 있습니다.

$$\begin{cases} 4 \times (x+y+z) = 28 \\ xyz = 12 \end{cases}$$

위의 두 개의 수식에서 $x = 3, y = z = 2$라는 것을 얻을 수 있습니다.

따라서 1개의 면만 칠하여진 작은 정육면체의 조각 수는 다음과 같습니다.

$(x+y+z) = 28$
$= (3 \times 2 + 2 \times 2 + 3 \times 2) \times 2$
$= 16 \times 2 = 32(조각)$

6 정답은 5입니다. 왜냐하면, A=7, B=2이기 때문입니다. 그 이유를 설명하면 다음과 같습니다.

모든 사람들을 56명씩 앉는 긴 의자들에 56명씩 앉히니까 좌석이 남지도 모자라지도 않았다는 말에서 1A75B는 56의 배수임을 알 수 있습니다.

$\qquad$ 1A75B=56×C=7×8×C (여기서 C는 몫)

즉, 1A75B은 7과 8의 배수입니다. 1A75B가 8의 배수가 되기 위해서는 75B가 8의 배수이어야 합니다. 그러므로 B=2이고, A+B의 합이 9의 배수이므로 A=7입니다.

따라서 국제회의에 참석한 사람은 모두 17752명입니다.

7 정답은 13(분)입니다.

6분과 8분의 최소공배수는 24입니다. 처음 24분간의 흐름을 살펴보면 다음과 같습니다. 여기서 어두운 부분이 물이 나오는 경우고 밝은 부분은 물이 끊긴 경우입니다.

분	1	2	3	4	5	6	7	8	9	10	11	12	13	14	15	16	17	18	19	20	21	22	23	24
A	■	■	■				■	■	■	■	■	■							■	■	■			
B	■	■					■	■	■	■			■	■	■	■								

처음 24분 동안과 24분 이후 48분까지는 위 그림이 반복되므로 2분 이상 같이 물이 나왔던 시간은 처음부터 48분까지 모두 2×(3+2)=10분간입니다. 48분 이후 60분까지는 위 그림에서 12분까지의 경우이므로 48분에서 51분까지 3분간 두 군데서 동시에 물이 나왔음을 알 수 있습니다.

따라서 구하는 시간은 10+3=13(분)입니다.

8 정답은 10(개)입니다.

조건을 만족시키는 n자리의 단어의 개수를 (n)이라 쓰기로 합시다. 그러면 (1)은 한 자리의 단어이고, 조건을 만족시키는 것은 없습니다. 왜냐하면 한 자리의 단어의 경우 시작하는 문자도 a이며 마지막 끝나는 문자도 a가 아니어야 하기 때문에 그러한 것은 없습니다. 그러므로 (1)=0입니다. (2)=2입니다. 왜냐하면 그러한 단어는 ab, ac의 2가지뿐이기 때문입니다. (3)=2입니다. 왜냐하면 그러한 단어는 abc, acb의 2가지뿐이기 때문입니다. 이제 (4)의 경우를 알아봅시다. $a\triangle\square b$, $a\triangle\square c$인 경우가 그런 경우인데 $\square$의 위치에 a가 온다면 $\triangle$의 위치에는 a가 올 수 없으므로 b, c의 2가지 경우가 올 수 있으므로 결국 $\square$의 위치에 a가 온다면 $\triangle$의 위치에 어떤 문자가 오는 경우의 수는 (2)가 됩니다. 왜냐하면 $a\underline{\triangle}ab$, $a\underline{\triangle}ac$의 밑줄 그은 부분을 만드는 방법의 수는 결국 (2)와 같기 때문입니다. 한편 $a\triangle\square b$, $a\triangle\square c$에서 $\square$의 위치에 a가 아닌 b, c가 오는 경우는 $a\triangle cb$, $a\triangle bc$의 밑줄 그은 부분을 만드는 방법의 수이므로 모두 (3)과 같은 것입니다. 이상을 종합하면 다음 결론을 얻습니다.

$$(4)=2\times(2)+(3)=2\times2+2=6$$

위와 같은 원리로 다음과 같은 결론을 얻습니다.

$$(5)=2\times(3)+(4)=2\times2+6=10$$

따라서 구하는 정답은 10(개)입니다.

9 정답은 333495150입니다.

$$101^2+102^2+103^2+\cdots+998^2+999^2+1000^2$$
$$=(1^2+2^2+3^2+\cdots+1000^2)-(1^2+2^2+3^2+\cdots+100^2)$$

먼저 $1^2+2^2+3^2+\cdots+100^2$의 값을 구해봅시다.

$$1^2=1\times(2-1)=1\times2-1$$
$$2^2=2\times(3-1)=2\times3-1$$
$$3^2=3\times(4-1)=3\times4-3$$
$$\vdots$$
$$100^2=100\times(101-1)=100\times101-100$$

위의 등식들을 모두 더하면

$$1^2+2^2+3^2+\cdots+100^2$$
$$=(1\times2+2\times3+3\times4+\cdots+100\times101)-(1+2+3+\cdots+100)$$

올수지 초급-하편 책의 17장. 수열(2)의 예제를 참조하여 다음과 같이 위 괄호 안의 식들의 값을 구할 수 있습니다.

$$1\times2+2\times3+3\times4+\cdots+100\times101$$
$$=\frac{1}{3}\times100\times101\times101=343400$$

그러므로 $1^2+2^2+3^2+\cdots+100^2=343400-5050=338350$

위와 마찬가지 원리로 하여 $1^2+2^2+3^2+\cdots+1000^2=333833500$

따라서 다음과 같이 답을 구할 수 있습니다.

$$101^2+102^2+103^2+\cdots+998^2+999^2+1000^2$$
$$=333833500-338350$$
$$=333495150$$

10 정답은 802명입니다. 즉, 병 학교의 학생들은 모두 802명입니다.

주어진 조건에 따라 아래 그림을 만들 수 있습니다.

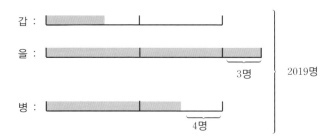

어두운 부분의 넓이의 총합이 총 명수가 됩니다. 만약 을 학교의 학생 수에서 3을 빼고, 병학교의 학생 수에다 4를 더하면, 을 학교의 학생 수와 병학교의 학생 수는 각각 갑 학교의 학생 수의 2배가 됩니다. 그러므로 세 학교의 학생의 총 명수는 갑 학교 학생 수의 $(1+2+2)=5$배에 3을 더하고 4를 뺀 것과 같습니다. 이제 갑 학교의 학생 수를 $\square$라 하면 다음과 같이 식을 세울 수 있습니다.

$$5\times\square+3-4=2019 \qquad \therefore 5\times\square=2020 \qquad \therefore \square=404$$

즉, 갑 학교의 학생 수는 $(2019-3+4)\div(2019-3+4)=404$명입니다.

또한 을 학교의 학생 수는 $404\times2+3=811$명입니다.

그리고 병 학교의 학생 수는 $404\times2-4=804$명입니다.

이러한 문제는 방정식으로 더욱 쉽게 풀 수 있습니다. 갑 학교 학생수의 2배, 을 학교 학생 수에서 3을 뺀 수, 병 학교 학생 수에서 4를 더한 값을 모두 x라고 가정하면 갑 학교 학생은 $\frac{1}{2}x$이고 을 학교 학생은 $x+3$, 병 학교 학생은 $x-4$입니다.

주어진 조건에 따라 다음을 얻습니다.

$$\frac{1}{2}x+(x+3)+(x-4)=2019$$

$x=808$, 따라서 $x-4=804$입니다.